"十三五"国家重点出版物出版规划项目　现代机械工程系列精品教材

# 工程通识训练

主　编　陈海波　于兆勤

副主编　陶　冶　徐相华　何剑飞

参　编　温　威　胡健锋　孙志全

　　　　周少辉　张殿武　周　敏

　　　　张具武　陈　姗

U0345429

机械工业出版社

本书是一本面向不同学科背景的学生进行工程通识教育的实践教材。工程通识训练的内容覆盖机械、电子、电工等方面，在重视学生基本技能训练的同时，不断增加新技术、新工艺和新设备的实践内容。本书简明通俗、图文并茂，以期在较短时间的实训过程中达到课程的教学目标。本书主要内容包括：机械制造相关知识、材料成形训练、切削加工训练、现代加工训练和电工电子实训。

本书适用于普通高等院校工程训练课程使用，也可供工程技术人员参考。

## 图书在版编目（CIP）数据

工程通识训练/陈海波，于兆勤主编. —北京：机械工业出版社，2020.2（2021.8重印）

"十三五"国家重点出版物出版规划项目　现代机械工程系列精品教材

ISBN 978-7-111-65109-3

Ⅰ.①工⋯　Ⅱ.①陈⋯　②于⋯　Ⅲ.①机械制造工艺-高等学校-教材　Ⅳ.①TH16

中国版本图书馆 CIP 数据核字（2020）第 044144 号

机械工业出版社（北京市百万庄大街22号　邮政编码100037）

策划编辑：丁昕祯　责任编辑：丁昕祯　舒　恬
责任校对：陈　越　封面设计：张　静
责任印制：李　昂
唐山三艺印务有限公司印刷
2021 年 8 月第 1 版第 2 次印刷
184mm×260mm·10.75 印张·264 千字
标准书号：ISBN 978-7-111-65109-3
定价：29.00 元

电话服务　　　　　　　　　　网络服务
客服电话：010-88361066　　　机　工　官　网：www.cmpbook.com
　　　　　010-88379833　　　机　工　官　博：weibo.com/cmp1952
　　　　　010-68326294　　　金　书　网：www.golden-book.com
**封底无防伪标均为盗版**　　机工教育服务网：www.cmpedu.com

# 前言

工程通识训练是一门实践性技术基础课,是其他工程类课程的先导。该课程面向所有的本科专业学生,具有通识性工程基础实践教学特征,其主要任务是给大学生以工程实践的教育,加深对工业制造的了解和工业文化的体验,引导学生在大工程环境下扩展视野,开拓思路,使工程实践教学成为理工科与人文社会学科交叉与融合的重要结合点,通过加强实践教学,指导学生用系统工程的观点思考和处理问题。该课程的教学目标是培养学生的工程意识,提升学生的工程素质,培养具有复合性的知识、技术背景,并能够在工程实践中加以整合应用的创新性工程人才,其作用是其他课程无法替代的。

工程通识训练是由传统的机械类专业的"金工实习"延伸而来,二者之间既有广泛的内外在联系,又有深刻的内涵变化。其主要的变化表现在教育理念、教学规模、专业覆盖面以及实习实训内容等方面。当前世界范围内新一轮科技革命和产业变革正加速进行,日新月异的技术正迅速渗入人类经济和社会生活的各个方面,不断推进新工业革命迅猛发展。制造技术不断进步,新材料、新技术、新工艺不断涌现,促使工程训练课程的教学内容不断丰富和更新。同时,由于产业结构的转型升级,社会对人才的需求也发生了变化,由于这些变化,工程通识训练的课程体系和教学手段也需要相应地进行改革和调整。基于上述背景和理念,我们组织编写了这本教材,以期在新工科背景下能更好地满足不同学科、不同专业人才的工程教育培养需求。

本书是一本面向不同学科背景的学生进行工程通识教育的实践教材。工程通识训练的内容覆盖机械、电工电子等方面,在重视学生基本技能训练的同时,不断增加新技术、新工艺和新设备的实践内容。本书简明通俗、图文并茂,以期在较短时间的实训过程中达到课程的教学目标。每个训练项目后还附有思考题,便于学生明确训练要求与重点。

参加本书编写的有:陈海波、于兆勤、陶冶、何剑飞、徐相华、张具武、周少辉、张殿武、周敏、温威、孙志全、胡健锋、陈姗。

本书由陈海波、于兆勤任主编,并负责全书统稿,陶冶、徐相华、何剑飞任副主编。本书编写过程中参考了相关文献资料,在此向这些文献资料的作者和出版社表示衷心的感谢。

由于编者水平有限,书中难免有错误和不妥之处,恳请广大读者批评指正。

编 者

# 目 录

# 工程通识训练课程简介和安全知识

## 【训练目的和要求】

1. 了解工程通识训练课程的目的和教学模式。
2. 了解工程通识训练安全知识和基本要求。

## 1.1　工程通识训练的目的

通识博雅教育（Liberal Arts Education）既是大学教育的一种理念，也是人才培养的一种模式，世界顶尖高校，如哈佛大学、耶鲁大学、普林斯顿大学等的本科教育都以良好的通识博雅教育著称。通识博雅教育并不是要求学生学习一些互相毫无关联的学科来满足课程学分要求。除了形式上的教学要求以外，这种教育模式更多地希望以多种学科知识融合的方式促使学生拥有活跃和全面的视角。这样当遇到新知识或新情况时，学生们可以自然而然地用已知探索未知，同时将这种新的知识融合到已有的知识体系中。现代工程实践训练具有通识教育的属性。

工程通识训练课程的目的是以工程感性认识为基础，以动手能力培养为先导，以工程综合能力培养为主线，以创新意识和能力培养为核心，注重基本工艺技术培训，加强现代技术实践，引导学生建立大工程背景的知识结构，扩展视野，开拓思路，培养用系统工程的观点思考和处理问题。

（1）增强实践能力　实践能力包括动手能力、在实践中获取知识的能力，以及运用所学知识和技能独立分析和解决问题的能力。学生在工程通识训练中，通过亲自动手操作各种机器设备，结合生产实际进行操作训练来获取工程制造的基本知识，跟理论课相比更加具体、生动，在训练过程中同时也培养了学生团队协作的能力。

（2）提高综合素质　工程通识训练所涵盖的工程实践知识让学生领会到如何从不同的角度看问题，在应对复杂挑战中获得解决方案，以提高学生的综合素质，提高就业时的竞争力。

（3）培养创新能力　在工程通识训练中，学生可以接触到从传统到现代的十几种加工技术，几十种机械、电气和电子设备，这些强烈映射出机械制造学科的发展，创造者们长期追求和探索所燃起的火花，这给了学生启蒙式的创新教育。在计算机技术和信息技术迅速发展的当今社会，机械制造学科进入了全新的时代，本课程旨在培养学生的工程意识，提升学生的工程素质，培养具有复合性知识和技术背景，并能够在工程实践中加以整合运用的创新性工程人才。

## 1.2　工程通识训练的内容和教学模式

### 1. 工程通识训练的内容
1）机械制造相关知识，包括训练1、2、3、4。
2）材料成形训练，包括训练5、6。
3）切削加工训练，包括训练7、8、9。
4）现代加工训练，包括训练10、11、12、13。
5）电工电子实训，训练14。

### 2. 工程通识训练的教学模式和手段
工程通识训练的教学模式是以模块训练任务为核心，通过完成工程项目的任务，使学生了解和熟悉机械工程、制造工程、电子工程相关内容，培养通过实践动手掌握知识和技能的能力，提升学生工程素养和综合素质。

工程通识训练课程的教学手段是以讲授和操作为主，网络教学资源为辅。

## 1.3　机械工程安全知识

在使用机械的过程中，由于各种原因，如由于设备设计、制造、安装、维护存在的缺陷，或使用者对设备性能不熟悉、操作不当、安全操作意识不足，或作业场所的光线不足、场地狭窄等，均会使人处于被机械伤害的潜在危险之中。为了防止和减少机械伤害的发生，需要了解机械的危险部位和导致伤害的原因，从而采取相应的安全对策。工程通识训练接触的不同机械设备，其危险性大小不同。危险性大的设备，并不是说整个设备都存在危险，而是其某些组成部分存在危险，或在运行时若不按照操作规范操作则存在较大安全隐患，因此在训练前应先熟悉各种机械设备的危险部位以及可能对人体造成的危害，做好安全防护工作。

### 1.3.1　机械危险

#### 1. 静止机械的危险
设备处于静止状态时，人们接触设备或与静止设备某部位作相对运动时也会存在危险，如：① 切削刀具的切削刃；②工具、工件、机械设备边缘的毛刺、利棱、尖角和凹凸不平的表面；③设备凸出较长的机械部分；④引起滑跌、坠落的工作平台，尤其是平台上有水或油时更为危险。

#### 2. 直线运动机械的危险
牛头刨床的滑枕、龙门刨床和外圆磨床的工作台、压力机的滑块等在加工时做往复直线运动，如果人体某些部位在机床运动部件的运动区域内，就存在受到运动部件撞击或挤压的危险。

### 3. 旋转运动机械的危险

车床的卡盘、轴、齿轮、带轮、链轮、飞轮、叶片、砂轮、刀具、钻头等做旋转运动的零部件，存在着把人体卷入、撞击和切割等危险。

1）被卷进单独旋转运动的机械部件中的危险，如轴、卡盘、齿轮等。

2）接触旋转刀具、磨具的危险，如铣刀、砂轮、钻头等。

3）被卷进旋转孔洞的危险，如风扇、叶片、飞轮、带辐条的带轮、齿轮等，这些旋转零部件，由于有孔洞而具有更大的危险性。

4）被旋转运动加工体或旋转运动部件上凸出物打击或绞轧的危险。如伸出机床的加工件，传动带上的金属带扣，转轴上的键、定位螺丝等。

5）被卷进旋转运动中两个机械部件间的危险。如做相反方向旋转的两个轧辊之间、咬合的齿轮之间等。

6）被卷进旋转机械部件与固定构件间的危险。如砂轮与砂轮支架之间、有辐条的手轮与机身之间、旋转零件与壳体之间等。

7）被卷进旋转部件与直线运动部件间的危险。如传动带与传动带轮、齿条与齿轮、链条与链轮等。

### 4. 被飞出物击伤的危险

在机械加工过程中，飞出的刀具、机械部件、切屑、工件对人体存在着击伤的危险，如卡盘上未及时取下的扳手、未夹紧的刀具、固定不牢的接头、破碎而飞散的切屑、锻造加工中飞出的工件等。

## 1.3.2 机械事故发生的原因

### 1. 直接原因

（1）人的不安全行为　人的不安全行为是造成机械伤害的直接原因之一。具体表现为：

1）忽视安全，忽视警告，缺乏应有的安全意识和自我防护意识。

2）冒险进入危险区域，如设备加工区等。

3）不按设备操作规程进行操作，导致机器设备安全装置失效或失灵，使设备处于不安全状态。

4）在机械运转时进行加油、修理、调整、检查、清扫等操作，将身体置于危险当中。

5）操作者忽视使用或佩戴防护用品，如衣着不符合安全要求等。

6）工作时注意力不集中。

（2）机械和作业场所的相对不安全状态

1）机械设备、设施、工具、附件等存在缺陷，如设计结构不符合安全要求等。

2）机械设备日常维护及保养不到位，造成设备失灵或有缺陷等。

3）作业环境缺陷，如机械设备之间的安全间距不足、照明光线不良、通风不良、通道狭窄等。

4）个人防护用品、用具缺少或存在缺陷。

### 2. 间接原因

1）安全宣传、安全教育不到位。

2）安全管理不到位。如相关安全生产制度、安全操作规程缺乏或不健全，或是有制度也是流于形式，如存在执行不到位、监管不到位等情况。

3）作业人员生理与心理方面的原因。如作业人员视力、听力、体能、健康状况等生理状态和性格、情绪、注意力等心理因素与生产作业不适应而引起事故。

4）对事故隐患整改不力。

### 1.3.3 预防机械伤害事故的措施

#### 1. 加强实训人员的安全管理

建立健全的安全操作规程和实验室规章制度；做好实训前的安全教育，提高自我保护意识，督促严格遵守实训的各项规章制度。

#### 2. 注重机械设备的基本安全要求

机械设备的布局、设备与设备之间的间距、设备本身的安全操作空间必须符合《工厂安全卫生规程》，做到统一布局、科学安装；加强机械设备危险部位的安全防护，安装防护装置，保护设备区域内的操作者和其他人不受机械设备伤害；根据机械设备的维护保养要求和规定对设备进行日常的维护保养、定期维护保养及定期检修，以便及时发现和排除设备的安全隐患，将事故隐患遏制在萌芽状态；检修、检查机械设备时，必须落实各项安全措施。

#### 3. 重视实验室环境的改善

实验室内布局要合理、照明要适宜，并且要具有良好的通风设施。

## 1.4 用电安全知识

### 1.4.1 基本概念

训练过程中如果缺乏电气安全知识和违章操作，容易造成用电方面的安全事故，包括触电、电气火灾及爆炸。

触电是指人体触及带电体后电流对人体造成的伤害。触电分为电击和电伤两种。

电击是指较高电压和较强电流通过人体，使人的心、肺、中枢神经系统等重要部位受到破坏，足以致命。电击包括直接电击和间接电击两种，直接电击是指人体直接触及正常运行的带电体所发生的电击；间接电击则是指电气设备发生故障后，人体触及该意外带电部分所发生的电击。绝大部分触电事故都是电击造成的，按照人体触及带电体的方式和电流通过人体的途径，电击触电又可分为单相触电、两相触电、跨步电压触电三种。

电伤是指电弧烧伤，接触通过强电流发生高热的导体引起热烫伤、电光性眼炎等局部性伤害。它是电流热效应、化学效应或机械效应的结果，其中以电弧烧伤最为常见和最为严重。

### 1.4.2 用电事故发生的原因

#### 1. 人为因素

1）相关人员安全意识不强，缺乏安全用电的教育工作。

2）管理人员对各种因素缺乏了解，安全管理措施不到位。

3）违章作业造成用电事故。

4）在电气危险区域活动。

5）日常维护管理不善，设备失修引发触电。

### 2. 设备因素

电气设备的过热、电火花和电弧等是导致电气火灾及爆炸的直接原因。

1）电气设备过热主要是由短路、过载、接触不良、铁心发热、散热不够、长时间使用和严重漏电等引起的。

2）电火花和电弧主要是由大电流起动而未用保护性开关、设备发生短路、设备接地或绝缘损坏、导线接触不良、过电压、静电火花或感应火花等引起的。

## 1.4.3　用电安全技术措施

### 1. 绝缘

绝缘是指用绝缘材料将带电物体封闭，这是防止直接电击的最基本技术措施。绝缘材料在强电场作用下会被击穿而丧失绝缘性能，此外，在潮湿、腐蚀性环境下或因使用时间太长而会降低其绝缘性能，因此，需定期测定其绝缘性能。测量绝缘性能较常用的方法是用兆欧表测量其绝缘电阻。同电压等级的电气设备，有不同的绝缘电阻要求。

### 2. 保护接地和接零

保护接地是指把用电设备或线路的某一部分与专门接地体连接起来。保护接零是指把电气设备在正常情况下不带电的导电部分（如金属机壳）与电网零线连接起来。保护接地和接零是防止间接电击的基本技术措施。

### 3. 电气安全装置

电气安全装置种类很多，主要有漏电保护装置、电气安全联锁装置、声光报警装置等。漏电保护装置主要用于防止单相触电或因漏电而引起的触电事故和火灾事故，也用于监测或清除各种接地故障；电气安全联锁装置是指一些用于电气安全为目的的自动化装置；声光报警装置主要用于提醒和警示事故发生。

### 4. 保证安全距离

电气安全距离是指人体、物体等接近带电物体而发生危险的距离。安全距离的大小由电压高低、设备类型以及安装方式等因素决定。

### 5. 安全电压

安全电压是指通过人体电流不超过允许范围时的电压值，它是由人体允许的电流和人体电阻等因素决定的。我国规定：

1）工频有效值42V、36V、24V、12V、6V为安全电压的额定值。

2）手提照明灯、危险环境的携带式电动工具均应采用42V或36V安全电压。

3）金属容器、隧道、矿井等密闭场所及特别潮湿的环境中所用的照明及电动工具应采用24V或12V安全电压。

4）水下作业应采用6V安全电压。

## 1.5　防火安全知识

### 1.5.1　基本概念

起火有三个条件：可燃物、助燃物和火源，三者缺一不可。

　　火源一般分为直接火源和间接火源两大类。直接火源有：①明火、灯火，如火柴、打火机火焰，点燃的香烟，烧红的电热丝等；②电火花；③雷电火等。间接火源有：①加热起火；②本身自燃起火等。认识和掌握这些火源的存在和发展规律，认真对待，一般都能有效地预防火灾的发生。

## 1.5.2　常见火灾发生的原因

### 1. 电气

电气设备过负荷、电气线路接头接触不良、电气线路短路等是电气引起火灾的直接原因。电气设备故障、电器设备设置和使用不当是引起火灾的间接原因，如超负荷使用电器、忘记关闭电器电源等。

### 2. 吸烟

烟蒂和未熄灭的火柴梗温度可达到800℃，能引起许多可燃物燃烧。如将没有熄灭的烟头或者火柴梗扔在可燃物中引起火灾；在禁止火种的火灾高危场所，因违章吸烟引起火灾事故等。

### 3. 生产作业不慎

生产作业不慎主要是指违反生产安全制度而引起火灾。如在易燃易爆的车间内动用明火，引起爆炸起火；在用气焊焊接和切割时，飞溅出的大量火星和熔渣，因未采取有效防火措施，引燃周围可燃物；在机器设备运转过程中，不按时添加润滑油，或没有清除附在机器轴承上的杂质、废物，使机器该部位摩擦发热，引起附着物起火等。

### 4. 设备故障

一些设施设备因疏于维护保养，在使用过程中无法正常运行，因摩擦、过载、短路等原因造成局部过热，从而引发火灾。如一些电子设备长期处于工作或通电状态，因散热不力，最终导致内部故障而引起火灾。

## 1.5.3　防火措施

1）加强相关人员的防火意识，遵守各项防火安全制度。

2）尽可能清除一切不必要的可燃物品，对易燃气体和液体要特别注意。

3）严禁在存在火灾隐患的地方吸烟。

4）打开装有易燃液体的容器时，应使用不会产生火花的安全工具。

5）各类运动机件应保持良好润滑，松紧适当，防止因摩擦碰撞而引起火花。

6）搬运装有易燃易爆气体及液体的金属瓶（如乙炔瓶、氧气瓶）时，不准拖拉及滚动，避免撞击及振动。

7）防止焊接车间的氧气瓶、阀门、导管等接触油脂。

8）焊接作业点与乙炔瓶、氧气瓶保持不少于10m的水平距离，焊接地点10m内不得有可燃、易爆物品，高处焊接时要注意火花走向。

9）各类电器及其线路应严格遵守用电安全规定，防止过热及产生电弧与火花。

## 1.5.4　灭火的基本方法

（1）隔离法　将着火的地方或物体与其周围的可燃物隔离或移开，燃烧就会因为缺少可燃物而停止。如：关闭电源，关闭可燃气、液体管道阀门；拆除与燃烧物毗邻的易燃建筑物等。

（2）窒息法 阻止空气流入燃烧区或用不燃烧的物质冲淡空气，使燃烧物得不到足够的氧气而熄灭。

（3）冷却法 将灭火剂直接喷射到燃烧物上，以降低燃烧物的温度。当燃烧物的温度降低到该物的燃点以下时，燃烧就停止了。此方法主要用水和二氧化碳来冷却降温，不宜用于电气失火。

（4）抑制法 这种方法是用含氟、溴的化学灭火剂喷向火焰，让灭火剂参与到燃烧反应中去，使燃烧链反应中断，以达到灭火的目的。

以上方法可根据实际情况，一种或多种方法并用，以达到迅速灭火的目的。

# 1.6 工程通识训练基本规章制度

## 1. 基本要求

1）严格遵守各项安全法规；坚持安全第一的观点，严禁不安全行为。

2）训练前，指导教师应当对现场安全规范、学生实习守则及仪器设备操作规程、安全事故应急预案进行讲解。

3）训练中，学生必须按照安全要求着装、站位、行走和操作，服从指导教师及管理人员的管理。

4）训练地点不允许吸烟及乱扔食品、饮料及其他杂物，以防引起火灾或人员滑倒受伤等安全事故。

5）一旦发生安全事故或故障，必须做到首先用安全的办法切断事故或故障源，对伤员进行及时救助，同时通知现场教学及管理人员，消除事故或故障隐患。其次尽量保护事故或故障现场，以便分析事故或故障原因，依据法律或事实分清责任和处理事故或故障。操作中发现异常应立即按安全规程停止操作或切断设备，通知现场教学及管理人员处理异常情况。

## 2. 着装要求

1）上衣穿扎紧袖口的衣服。

2）下装必须为长度至脚踝处的长裤，禁止穿裙子、短裤、七分裤、八分裤等。

3）必须穿能盖住脚背和后跟的鞋子，禁止穿拖鞋、凉鞋、高跟鞋和软底鞋。

4）留长发者必须戴好防护帽，并将头发全部塞入帽内。

5）手腕禁止戴任何装饰品，禁止戴围巾，禁止佩戴项链、吊坠等。

6）特殊工种按要求戴指定的劳保用品。

7）严禁戴耳机或挂耳机，在操作时严禁聊天或使用手机。

## 3. 站位及行走要求

1）严禁站在机床旋转部件旋转切线方向位置，以防被意外飞出的工件击伤。

2）严禁站在操作人员背后，以保障操作人员的人身安全。

3）严禁脚踩电线，禁止站在配电柜门旁，以防触电。

4）通过现场时，应在安全通道内行走，对周围设备保持警觉。

5）在现场严禁跑、跳、打闹，以防摔伤、砸伤、触电。

6) 严格遵守现场具体安全站位、行走要求。

**4. 设备操作要求**

1) 严禁在未取下卡盘扳手前起动车床，以防车床卡盘扳手飞出。车、铣、刨、磨、钻等切削加工前，应将工件、刀具、卡具装稳、夹紧，以防切削时工件飞出。多人共用一台机床时，只能一人操作，严禁两人或两人以上同时操作，以防意外。加工过程中不能离开机床，不准倚靠机床操作。

2) 严格限制磨削进给量，以防磨床工件被挤出或砂轮被挤碎。不能用手触摸和测量旋转的和未停稳的工件或卡盘，清除切屑时要用钩子或刷子，严禁用手直接清除。

3) 夹持热加工工件时应戴手套用钳子，以防烫伤；在切削加工机床停稳后使用隔热材料作垫取下工件，以防烫伤。

4) 焊接时要戴好工作帽、手套、防护眼镜或面罩等用品；不得将焊钳放在工作台上，以免短路烧坏电焊机。不许用手触及刚焊好的焊件，以防烫伤；氧气瓶、乙炔瓶旁严禁烟火，氧气瓶不得撞击或触及油物。

5) 操作出现意外时，应及时关断故障设备的电源。

6) 不得打开配电柜门，触动其中的开关及线路，以防触电。

7) 禁止学生触动非允许使用设备的按钮、手柄、工装，以防出现安全事故。

8) 数控设备在自动运行前应对程序运行进行手动验核，以防设备损毁。

9) 严格按照现场安全操作规程完成准备工作、实施操作，完成操作善后工作。

# 1.7 实验室安全事故应急预案

为保护实验室人员及设备仪器安全，应坚持"安全第一，预防为主，综合治理"的方针，为确保发生意外事故时人员和设备仪器的损失或将影响降低到最低限度，针对可能出现的安全事故，应制订事故应急机制并采取以下应急预案：

**1. 外力致伤处理应急机制**

在训练过程中出现被仪器设备等零部件的外力伤害时，应做到以下几点：

1) 要及时切断设备电源，停止设备运转。

2) 将伤者转移到安全舒适的环境，对伤者进行消毒、止血、包扎、止痛等临时措施，随后将伤者送校医院进行防感染和防破伤风处理，或根据医嘱作进一步检查。

3) 若发生重大人员受伤事故，应立即与校医院取得联系，或直接送至校医院，若情势严重，应拨打120医疗急救电话。

4) 同时报告工程训练中心主管领导。

**2. 火灾处理应急机制**

若室内因线路故障或其他不可预知因素发生火灾时，应做到以下几点：

1) 立即疏散师生并关闭电源。

2) 用灭火器及其他有效方法进行灭火，若火势未能及时控制，立刻拨打119报警，详细报告地点、着火楼层、燃烧物质，并组织将火灾现场的人员转移至安全地带。

3) 同时报告工程训练中心主管领导。

**3. 触电处理应急机制**

若室内因线路原因或其他不可预知因素发生触电事故时，应做到以下几点：

1）立即隔离触电者并关闭电源（没有切断电源前切勿用手拉触电者）。

2）有衣着燃烧者，应立即扑灭。心脏呼吸骤停者，应立即进行复苏抢救，同时与校医院取得联系，若情势严重，应拨打120医疗急救电话。

3）同时报告工程训练中心主管领导。

**4. 爆炸处理应急机制**

若室内因显示器故障或其他原因发生爆炸事故时，应做到以下几点：

1）立即疏散学生并关闭电源。

2）如果起火，应用灭火器及其他有效方法进行灭火；若火势较大，预计难以控制时，应拨打119报警，详细报告地点、着火楼层、燃烧物质，并组织将火灾现场的人员转移至安全地带。

3）对受伤者进行救治，并请医务人员及时到达做相应处理，必要时送往医院救治。

4）同时报告中心主管领导。

**5. 雷电击伤和雷击导致的触电、火灾等处理应急机制**

设置在顶楼的实验室等，可能出现雷击事故。若雷击导致雷电击伤和触电、火灾等事故时，应做到以下几点：

1）立即将伤者隔离并抬到安全处，同时稳定其他师生的情绪。

2）立即与校医院取得联系，或直接送至校医院，若情势严重，应拨打120医疗急救电话。

3）同时报告工程训练中心主管领导。

**6. 训练时摔倒、刮碰、踩踏等致伤**

在训练过程中出现摔倒、刮碰等的伤害事故时，应做到以下几点：

1）将伤者转移到安全舒适的环境，对伤者进行消毒、止血、包扎、止痛等临时措施。

2）将伤者送校医院进行防感染和防破伤风处理，或根据医嘱作进一步检查。

**7. 上报机制**

事故发生后，应及时报告工程训练中心领导及保卫处，岗位负责人员及当事人应如实写出书面材料并上交工程训练中心负责人，同时配合工程训练中心或学校有关部门调查。

# 思 考 题

1. 为什么要进行安全教育？目的和意义是什么？
2. 简述机械事故发生的一般原因。
3. 简述常见的防火措施。

# 训练 2

# 机械基础知识认知

## 【训练目的和要求】

1. 了解强度、硬度、塑性等材料力学性能指标及测试方法。
2. 了解常见金属材料的分类、基本性能及选用。
3. 了解各种通用零件的结构、特点、应用和失效形式。

## 2.1 工程材料概述

工程材料是指用于制造工程构件和机械零件的材料，它既指用于机械、车辆、船舶、建筑、化工、能源、仪器仪表、航空航天等工程领域的材料，也包括用于制造工具材料和具有特殊性能的材料。工程材料的种类繁多，分类方法也很多，常用的工程材料（按成分）可分为金属材料、非金属材料和复合材料三大类，如图 2-1 所示。

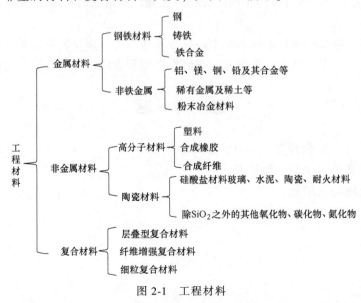

图 2-1　工程材料

## 2.2　金属材料的性能

### 2.2.1　金属材料的力学性能及其测试方法

金属材料是最主要的工程材料，包括金属和以金属为基的合金。工业上把金属及其合金分为黑色金属和有色金属两大类。黑色金属是指以铁、锰、铬或以它们为主而形成的具有金属特性的物质，如钢、铁、铁合金、铸铁等。有色金属是指除黑色金属以外的其他金属材料，如铜、铝、镁及其合金等。黑色金属材料的工程性能比较优越，价格比较便宜，是最重要的工程材料，而有色金属是重要的有特殊用途的材料。

材料的力学性能是指材料在外力作用下表现出的变形、破坏等方面的特性。力学性能指标主要有强度、塑性、硬度、冲击韧性和疲劳强度等，是选择、使用金属材料的重要依据。

**1. 强度**

强度是材料抵抗破坏的能力，即在外力作用下抵抗塑性变形或断裂的能力。按作用力性质不同，强度可分为屈服强度、抗拉强度、抗压强度、抗弯强度、抗剪强度等。在工程上表示金属材料强度的常用指标有屈服强度和抗拉强度，可通过把金属加工成标准试样，在常温静载的条件下进行拉伸试验测得。

将标准试样夹持在试验机的上下两个夹头中，然后缓慢增加载荷，直至试样被拉断。表示正应力和试样工作部分相应应变在整个试验过程中的关系曲线，称为应力—应变曲线，如图 2-2 所示。

（1）屈服强度　当应力超过 $b$ 点增加到某一值时，应变有非常明显的增大，而应力先是下降，然后作微小的波动。这种应力基本保持不变、而应变显著增加的现象，称为屈服现象。通常把在屈服阶段内的最低应力屈服强度称为屈服强度或屈服极限。国家标准规定以残余应变量达到 0.2% 的应力值来表征材料塑性变形的抗力，即条件屈服强度。

（2）抗拉强度　金属材料断裂前所承受的最大应力，用 $R_m$ 表示，又称为强度极限，它是衡量材料强度的另一重要指标。

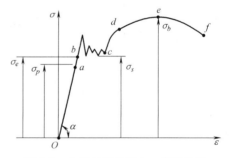

图 2-2　金属材料的应力—应变曲线

**2. 塑性**

塑性是指材料断裂前发生塑性变形的能力。通常用断后伸长率 $A$ 和断面收缩率 $Z$ 来衡量材料的塑性。$A$ 和 $Z$ 的含义为

$$A = \frac{L_u - L_o}{L_o} \times 100\% \tag{2-1}$$

$$Z = \frac{S_o - S}{S_o} \times 100\% \tag{2-2}$$

式中，$L_o$、$S_o$ 分别为拉伸试样的原始标距长度和原始截面积；$L_u$、$S$ 分别为拉伸试样断裂后的标距长度和缩颈处最小截面积。显然，$A$、$Z$ 越大，材料的塑性越好，所以断后伸长率 $A$

和断面收缩率 $Z$ 是表征材料塑性的性能指标。

### 3. 硬度

金属表面抵抗其他硬物压入的能力叫做硬度。它是材料性能的一个综合反映，表示金属材料在单位体积内抵抗弹性变形、塑性变形或破断的能力。常用的硬度指标有布氏硬度和洛氏硬度，分别用布氏硬度机和洛氏硬度机测得。

（1）布氏硬度（HBW） 用直径为 $D$（通常 $D=10\text{mm}$）的硬质合金球作为压头，在规定载荷 $F$ 的静压力作用下，压入试样表面并保持一定时间，再卸除载荷，在试样上留下直径为 $d$ 的压痕，计算压痕单位面积上所承受的载荷大小即为布氏硬度（用符号 HBW 表示）。试验时布氏硬度值可按压痕直径 $d$ 直接查表得出。

布氏硬度法因压痕面积大，其硬度值比较稳定，因此测试数据重复性好，准确度较高。缺点是测量费时，不适合于成品和 450HBW 以上硬度材料的测试。

（2）洛氏硬度（HR） 洛氏硬度是以锥角为 120°、顶部曲率半径为 0.2mm 的金刚石圆锥或者直径为 1.5875mm 或 3.175mm 的硬质合金球为压头，在规定的载荷下，垂直压入被测金属表面，卸载后依据压入深度，由刻度盘的指针直接指示出洛氏硬度值。

洛氏硬度测试方法简单、速度快、压痕小，可用于成品和硬度很高的材料。缺点是硬度值重复性较差，因此，必须在不同部位多次测量。

### 4. 冲击韧性

金属材料抵抗冲击载荷作用而不被破坏的能力叫做冲击韧性，目前冲击韧性一般通过一次摆锤冲击弯曲试验来测定。冲击载荷是加载速度很高的载荷，冲击力很难准确测量，冲击载荷习惯上用能量的形式来表示，试验时，试样按要求加工成标准试样，以简支梁状态放在试验机的支座上（图 2-3）。将重量为 $G$ 的摆锤举至 $H$ 高度，使摆锤获得势能 $GH$，然后释放摆锤，将试样一次冲断，此时的剩余能量 $Gh$。试样的冲击韧性定义为：

$$a_k = \frac{A_k}{A_0}(\text{J} \cdot \text{mm}^{-2}) \qquad (2\text{-}3)$$

式中，$A_0$ 为试样缺口处的初始面积，单位为 $\text{mm}^2$；$A_k$ 为冲断试样所消耗的冲击功，单位为 J。

$a_k$ 作为材料的冲击抗力指标，不仅与材料的性质有关，试样的形状、尺寸、缺口形式都可能对 $a_k$ 值产生很大影响。因此它只是材料抗冲击断裂的一个参考性指标，只能在规定条件下进行相对比较，而不能代换到具体零件上进行定量计算。

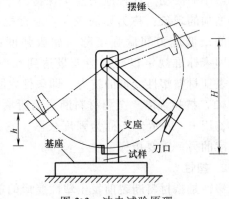

图 2-3 冲击试验原理

$a_k$ 值对材料的脆性和组织中的缺陷十分敏感，它能灵敏地反映材料品质、宏观缺陷和显微组织方面的微小变化。因此一次冲击试验又是生产上用来检验材料的脆化倾向和材料品质的有效方法。

### 5. 疲劳强度

金属材料在无数次重复或交变载荷作用下而不致引起断裂的最大应力叫做疲劳强度。产生疲劳破坏的原因，一般认为是由于材料表面和内部的缺陷（杂质、表面划痕及尖角等），造成局部应力集中，形成微裂纹，并随应力循环次数的增加而逐渐扩展，使零件的有效承载面积逐渐减小，导致最后的突然断裂。材料的疲劳强度通常在旋转的对称弯曲疲劳试验机上测定。

### 2.2.2　金属的其他性能

#### 1. 物理性能
金属的物理性能是指金属在重力、电磁场、热力（温度）等物理因素作用下，所表现出的性能或固有的属性。它包括密度、熔点、导热性、导电性、热膨胀性和磁性等。

#### 2. 化学性能
金属的化学性能是指金属在室温或高温时抵抗各种化学介质作用所表现出来的性能，它包括耐蚀性、抗氧化性和化学稳定性等。

#### 3. 工艺性能
金属材料的工艺性能是指材料在加工成零件或构件过程中材料应具备的适应加工的性能，包括铸造性能、锻造性能、切削加工性能、焊接性能及热处理工艺性能。

## 2.3　金属材料的选用原则

合理选择材料是各种机械产品设计中极为重要的一环，正确、合理选材是保证产品最佳性能、工作寿命、使用安全和经济性的基础。金属材料选用的一般原则：

（1）所选用材料必须满足产品零件使用性能的要求　各种机械产品，由于它们的用途、工作条件等的不同，对其组成的零部件也自然有着不同的要求，具体表现在受载大小、形式及性质的不同，受力状态、工作温度、环境介质、摩擦条件等的不同。在选材时，应根据零件工作条件的不同，具体分析其对材料使用性能的不同要求。

（2）所选材料必须满足产品零件工艺性能的要求　材料工艺性能的好坏，对零件加工的难易程度、生产效率和生产成本等方面都起着十分重要的作用。材料工艺性能的好坏，对单件和小批量生产来说并不是十分突出，而在批量生产条件下，工艺性能有可能成为选材的决定因素。例如：批量极大的普通螺钉、螺母对力学性能要求不高，但在自动机床加工时，为了提高生产率，就需要选用切削加工性能优良的钢种，比如易切削结构钢。用于焊接的结构材料应采用可焊性良好的低碳钢，而不宜采用可焊性差的高碳钢、高合金钢和铸铁等材料。

（3）所选材料应满足经济性的要求　在满足零件使用性能和质量的前提下，应注意材料的经济性。

对于设计选材，保证经济性的前提是准确的计算，按零件使用的受力、温度、耐蚀等条件来选用适合的材料，而不是单纯追求某一项指标，这对大批量零件来说显得尤其重要。此外，在选材时还应尽量立足于国内条件的国家资源，应尽量减少材料的品种、规格等，这些都直接影响到选材的经济性。

在选用代用材料时，一般应考虑原用材料的要求及具体零件的使用条件和对寿命的要求。不可盲目选用更高一级的材料或简单地以优代劣，以保证选用材料的经济性。

## 2.4 机械的基本概念

人类从打磨石刀和石斧等简单工具开始，进化到设计制造机器人等复杂的现代机械，经历了漫长的岁月。今天，无论是人们的衣食住行，还是能源、材料、信息等工程领域的发展，都离不开机械。

（1）机器 人们根据使用要求而设计的一种执行机械运动的装置称为机器，用于变换或传递能量、物料与信息，以代替或减轻人们的体力劳动和脑力劳动。

（2）零件 零件是构成机器的不可拆的制造单元。零件分为通用零件和专用零件，通用零件是在各种机器中普遍使用的零件，例如：弹簧、齿轮、轴等。专用零件是只在某些机器中使用的零件，如压力机中的滑块、连杆等。

（3）部件 在机器中，由若干零件装配在一起，构成具有独立功能的部分称为部件。例如：轴承、离合器等。为简便起见，一般用"零件"一词泛指零件和部件。

（4）构件 构成机器的各个相对运动单元称为构件，一般由若干个零件刚性连接而成，也可能是单一的零件。通常把制造的单元称为零件，把运动的单元称为构件。

（5）机构 由两个或两个以上构件通过活动连接形成的用来传递运动和力的构件系统称为机构。

（6）机械 机械是机构和机器的总称。

## 2.5 机械制造

机械产品的制造过程就是把原材料加工成合格零件的过程。

机械制造的方法很多，一般按加工方法的实质可以分为材料成形加工、切削加工、特种加工和热处理等。

材料成形加工是将材料在固态、液态、半液态和粉末等状态下，通过在特定型腔中加热、加压和连接等方式形成所需产品形状和尺寸的加工方法。材料成形加工包括铸造、锻压、冲压和焊接等加工方法。

切削加工就是利用切削工具从毛坯上切去多余材料的加工方法。切削加工包括车削、铣削、刨削、磨削和钳工等加工方法。

特种加工是指利用电能、化学能、光能、声能、热能及其与机械能的组合等形式将毛坯上多余材料去除的加工方法，包括电火花加工、激光加工、超声波加工、等离子束加工和电解加工等加工方法。

热处理是指通过加热、保温和冷却的手段，改变零件材料表面或内部的化学成分与组织，从而改变材料的力学、物理及化学性能，获得所需性能的加工方法。

一些尺寸不大的轴、销、套类等零件，可以直接用型材，经机械加工而成。还有一些制造方法可将原材料直接制成零件，例如粉末冶金、熔模铸造等。一般的零件是将原材料经过铸造、锻压、焊接等方法制成毛坯，然后将毛坯由机械加工（特种加工）的方法制成零件。许多零件在毛坯制造和机械加工过程中还需要进行不同的热处理工艺才能达到要求。一般的机电产品制造过程如图 2-4 所示。

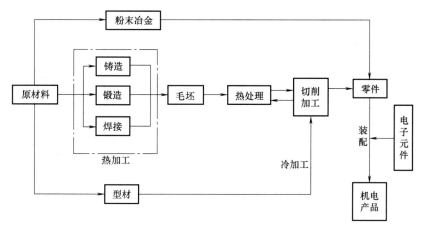

图 2-4 机电产品制造过程

## 2.6 各种通用零件

**1. 传动件**（齿轮传动、带传动、链传动、蜗杆传动）

（1）**齿轮传动** 齿轮传动用于传递空间任意轴间的运动和动力，是机械传动中最重要、应用最广泛的一种传动形式。齿轮传动的优点是传动效率高、传递的速度和功率范围大、传动比准确、使用寿命长、工作可靠、结构紧凑。缺点是制造和安装精度要求高、精度低时振动和噪声大、不宜用于轴间距离较远的传动、成本较高。

（2）**带传动** 带传动由主动轮、从动轮、传动带组成，安装时，带被张紧在带轮上，产生的初拉力使带与带轮之间产生压力。主动轮转动时，依靠摩擦力带动从动轮一起同向回转。其结构简单、传动平稳、造价低廉并能缓冲减振，适合于两轴平行且同向转动的场合。根据带的摩擦传动原理，带必须在预张紧后才能正常工作。运转一定时间后，带会松弛，为了保证带传动的能力，必须重新张紧，才能正常工作。常见的张紧装置有定期张紧装置、自动张紧装置和张紧轮张紧装置。

（3）**链传动** 链传动由链轮、链条组成，依靠链轮轮齿与链节的啮合来传递运动和动力。链条按用途不同可分为传动链、输送链、曳引链和专用特种链。根据结构不同，传动链又可分为短节距精密滚子链（简称滚子链）、套筒链、弯板链、齿形链等多种，最常用的是滚子链。与带传动相比，链传动无弹性滑动和整体打滑现象，能保持准确的平均传动比，作用于轴上的径向压力小，适合低速情况下工作，同时链传动能在高温和潮湿的环境下工作。与齿轮传动相比，链传动安装精度要求较低，成本低廉，可远距离传动。链传动的主要缺点是不能保持恒定的瞬时传动比。链传动适合两轴线平行且距离较远、瞬时传动比无严格要求以及工作环境恶劣的场合，广泛应用于矿山机械、农业机械、石油机械、机床及摩托车中。为了避免在链条垂度过大时产生啮合不良和链条的振动现象，同时也为了增加链条与链轮的啮合包角链传动，通常设有张紧装置。张紧的方法很多，当中心距可调时，可通过调节中心距来控制张紧程度；当中心距不可调时，可设置张紧轮，图 2-5 所示为通过弹簧力、砝码或定期调整来张紧。

（4）**蜗杆传动** 蜗杆传动是在空间交错的两空间交错的两轴间传递运动和动力的一种

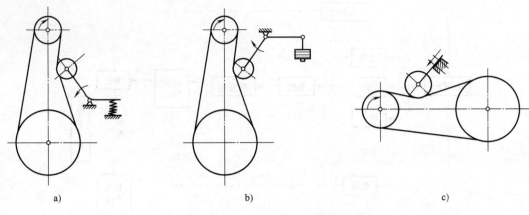

图 2-5　链传动张紧方式

a）弹簧力张紧　b）砝码张紧　c）定期调整张紧

传动机构，两轴线交错的夹角可为任意值，常用的为直角。蜗杆传动的主要优点有传动比大，单级传动比可达 5～80，在分度机构中可达 1000，结构紧凑；承载能力较大；传动平稳无噪声；有自锁性，常用于起重机械，起安全保护作用。主要缺点是相对滑动速度较大，易磨损，易发热，故效率较低；成本较高；蜗杆的轴向力较大。蜗杆传动通常用于减速装置，但也有个别机器用于增速装置。

**2. 连接件**（螺纹连接、键连接、销连接、铆钉连接等）

为了便于制造、安装、运输、维修以及提高劳动生产率等，机器中广泛地使用各种连接。机械连接有两大类：一类是机器工作时，被连接的零（部）件间可以有相对运动的连接，称为机械动连接，如各种运动副；另一类则是在机器工作时，被连接的零（部）件间不允许产生相对运动的连接，称为机械静连接。应该说明，在机器制造中，"连接"这一术语，实际上仅指机械静连接。根据可拆分性连接可分为可拆连接和不可拆连接。可拆连接是不需要毁坏连接中的任一零件就可拆开的连接。常见的有螺纹连接、键连接及销连接，其中以螺纹连接和键连接应用最广。不可拆连接是至少必须毁坏连接中的某一部分才能拆开的连接，常见的有铆钉连接、焊接、胶接等。螺纹连接是利用螺纹零件工作，螺纹连接结构简单、装拆方便、类型多样，是应用最广泛的紧固件连接。螺纹连接件的基本类型有：螺栓连接、双头螺柱连接、螺钉连接、紧定螺钉连接四种。键是一种标准件，通常用来实现轴与轮毂之间的周向固定以传递转矩，有的还能实现轴上零件的轴向固定或轴向滑动的导向。键连接的主要类型有：平键连接、半圆键连接、钩头型楔键连接和切向键连接。销连接主要用于确定零件之间的相互位置，并可传递不大的载荷，也可用于轴和轮毂或其他零件的联接。根据结构形式，销可分为：圆柱销、圆锥销、槽销、销轴和开口销等。铆钉是一种历史悠久的简单机械连接，其类型多种多样，而且多已标准化。常见的螺纹连接、键连接、销连接、铆钉连接如图 2-6 所示。螺纹连接如出现松脱，轻者会影响机器的正常运转，重者会造成严重事故。因此，为了防止连接松脱，保证连接安全可靠，设计时必须采取有效的防松措施，螺纹连接常用的防松方法如图 2-7 所示。

**3. 轴系零部件**（轴、滑动轴承、滚动轴承、联轴器、离合器）

（1）轴　轴是组成机器的主要零件之一。一切作回转运动的传动零件（例如齿轮、蜗

|  |  |  |  |
|---|---|---|---|
| 圆螺母 | 带槽圆螺母 | 盖形螺母 | 六角螺母 |
| 碟形螺母 | 止动垫圈 | 平垫圈 | 弹簧垫圈 |
| 六角螺栓 | 吊环螺栓 | 四角头螺栓 | 双头螺栓 |
| 自攻螺钉 | 盘头螺钉 | 内六角螺钉 | 紧定螺钉 |
| 沉头螺钉 | 圆柱销 | 圆锥销 | 内螺纹圆锥销 |
| 槽销 | 开尾圆锥销 | 销轴与开口销 | 圆头铆钉 |
| 平头铆钉 | 平头锥铆钉 | 半空心铆钉 | 沉头抽心铆钉 |
| 平键 | 楔键 | 切向键 | 半圆键 |

图 2-6　常见的螺纹连接、键连接、销连接、铆钉连接

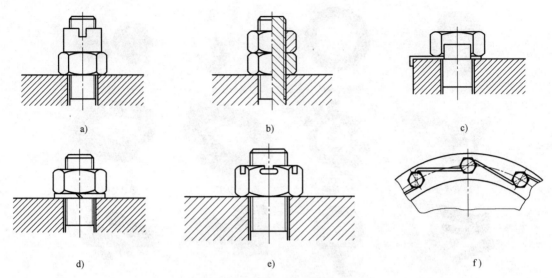

图 2-7　螺纹连接常用的防松方法
a）自锁螺母防松　b）双螺母防松　c）止动垫圈防松　d）弹簧垫圈防松
e）开口销与六角螺母防松　f）串联钢丝防松

轮等），都必须安装在轴上才能进行运动及动力的传递。轴的主要功能是支承回转零件、传递运动和动力。按照承受载荷不同，轴可以分为转轴、心轴和传动轴。工作中既承受弯矩又承受扭矩的轴称为转轴，如减速器中的各个轴；只承受弯矩而不承受扭矩的轴称为心轴，如自行车前轴、机动车车轮轴等；只承受扭矩而不承受弯矩（或弯矩很小）的轴称为传动轴，如搅拌轴。可以按照轴线形状不同，轴还可以分为曲轴和直轴。

（2）轴承　轴承是机械中用来支承轴或轴上回转零件的重要部件。根据轴和轴承之间摩擦形式的不同，可把轴承分为滑动摩擦轴承（简称滑动轴承）和滚动摩擦轴承（简称滚动轴承）两大类。

滑动轴承具有结构简单、装拆方便、承载能力高、工作平稳、噪声低、径向尺寸小、精度高等优点，缺点是摩擦较大，磨损严重，设计、制造、维护费用较高。因此，滑动轴承用于高精度、高转速、重载荷、有振动和冲击以及径向尺寸受限制或结构需要剖分的机械。

滚动轴承是现代机器中广泛应用的零件之一，它是依靠主要元件间的滚动接触来支承转动零件的（如转动的齿轮与轴）。滚动轴承的构成包括内圈、外圈、滚动体和保持架，如图 2-8 所示。滚动轴承的优点是功率消耗少、启动容易、摩擦阻力小、润滑、维护方便，是标准件，缺点是抗冲击能力差，调整时会出现噪声，轴承径向尺寸大。一般应用在中、小载荷和中、低转速的一般机械中。

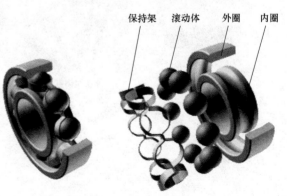

图 2-8　滚动轴承的构成

在实际应用中，滚动轴承的结构形式有很多。作为标准的滚动轴承，在国家标准中分为 13 类，其中，最为常用的轴承大约有下列 6 类，如图 2-9 所示。

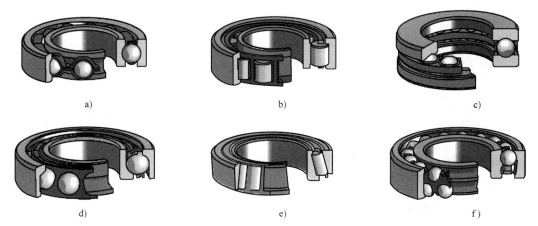

图 2-9 常用的 6 种滚动轴承

a）深沟球轴承 b）圆柱滚子轴承 c）推力球轴承 d）角接触球轴承 e）圆锥滚子轴承 f）调心球轴承

（3）联轴器和离合器 联轴器和离合器是机械装置中常用的部件，它们主要用于连接轴与轴，以传递运动与转矩，也可用作安全装置。大致有以下类型：

1）联轴器，用于将两轴连接在一起，机器运转时两轴不能分离，只有在机器停车时才可将两轴分离。

2）离合器，在机器运转过程中，可使两轴随时接合或分离的一种装置。它可用于操纵机器传动的断续，以便进行变速或换向。

3）安全联轴器与离合器，在机器工作时，若转矩超过规定值，即可自行断开或打滑，以保证主要零件不因过载而损坏。

4）特殊功用的联轴器与离合器，用于某些特殊要求处，如在一定的回转方向或达到一定转速时，联轴器或离合器即可自动接合或分离等。

联轴器和离合器种类繁多，在选用标准件或自行设计时应考虑传递转矩大小、转速高低、扭转刚度变化、体积大小、缓冲吸振能力等因素。

## 2.7 训练项目

对两种典型的金属材料低碳钢（Q235 钢）和铸铁的做拉伸和压缩试验，测定两种材料力学性能，观察分析试验过程中的各种现象及破坏情况。

### 2.7.1 低碳钢和铸铁的拉伸试验

**1. 实验目的**

1）通过拉伸破坏试验，观察、分析低碳钢和铸铁的拉伸过程及破坏现象，比较其机械性质。

2）测定材料的抗拉强度指标和塑性指标。

**2. 实验设备**

1）WE-B600 型屏显液压万能材料试验机（图 2-10）

2）电子引伸计

3）游标卡尺

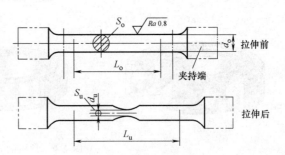

图 2-10　WE-B600 型屏显液压万能材料试验机　　　图 2-11　标准拉伸试样

### 3. 实验试样

为了使材料的力学性能在测试时不受试样形状、尺寸不同的影响，试样应按照国家标准 GB/T 228.1—2010 中规定的要求制造，金属拉伸试样通常为圆形试样，如图 2-11 所示。试样由夹持部分、过渡部分和工作部分 3 部分组成。工作部分必须保持光滑均匀以确保材料表面的单向应力状态。工作部分中测量伸长用的有效工作长度称为标距，受力前、后的有效工作长度称为原始标距，记作 $L_o$、$L_u$，通常在两端画上细线作标志。$d_o$（$d_u$）、$A_o$（$A_u$）分别表示受力前、后工作部分的直径和面积。

按试样原始标距与原始截面面积之间的关系，试样分为比例试样和定标距试样两种。比例试样的原始标距 $L_o = k\sqrt{A_o}$，系数 $k$ 通常取为 11.3 或 5.65，前者称为长比例试样（简称长试样），后者称为短比例试样（简称短试样）。拉伸试验通常采用比例试样，对圆截面的比例试样，原始标距 $L_o = 10d_o$ 或 $L_o = 5d_o$。定标距试样 $L_o$ 与 $A_o$ 无上述比例关系，例如成品型材、板材和管材等可按产品标准或双方协议执行。

本次实验采用 $d_o = 10\text{mm}$ 的长比例试样。

### 4. 实验步骤

（1）测量试样直径 $d_o$　在试样标距两端和中间附近各取一截面测量直径，每截面在相互垂直方向各测量一次，取其平均值。$d_o$ 采用三个截面中的最小平均值。

（2）打开试验机及计算机系统电源。

（3）实验参数设置　按试验机操作软件设置试验标准，试样尺寸、引伸计和加载速度等实验参数。

（4）试样及引伸计安装　先夹紧上夹头，将横梁调节到合适的位置。若要求测量试样标距间的变形，则需装上引伸计（如果不用引伸计，请将变形显示板上的［取引伸计］按钮按下）。调整负荷传感器和变形传感器的零点和位移清零后，夹紧下夹头。

（5）试验操作　选择试验方法，对于简单的操作，可以选择单一控制模式来做试验，比如位移或力控制，选择其中的一种控制模式，确定控制速度。核对控制过程无误后，按下控制板的［开始］按钮，试验开始。在控制过程中，要密切注视试验进程，必要时进行人工干预。若没有特殊要求，则当实验曲线出线水平线一定长度后，在试样开始进入局部变形阶段时，应迅速取下引伸计，以避免由于试样断裂引起的振动对引伸计产生损伤。

（6）实验数据分析及输出　试验结束时，系统会自动分析试验曲线，在力-变形曲线上标出各标志点，同时，将分析结果发送到数据板。如果自动分析不能满足要求，就需要进行人工分析数据，也可以等所有的试件试验完成以后再统一分析。试验数据分析完成后，用鼠标左键单击（以后简称"单击"）［数据板］打印图标，将出现报表打印窗口，选择合适的报表打印模板，单击［打印］按钮就可以输出报告。

（7）断后试样观察及测量　从试验机上取下试样，注意观察试样的断口。根据实验要求测量试样的伸长率及断面收缩率。

（8）关机　关闭试验机和计算机的系统电源，清理实验现场，将相关仪器还原。

### 2.7.2　低碳钢和铸铁的压缩试验

**1. 实验目的**

1）通过压缩试验，观察、分析低碳钢和铸铁的压缩过程和破坏现象，比较其力学性能。

2）测定材料的抗压强度指标。

**2. 实验设备**

1）WE-B600 型屏显液压万能材料试验机

2）游标卡尺

**3. 实验试样**

细长杆压缩时容易产生失稳，金属压缩试样一般采用圆柱形，其公差、表面粗糙度、两端面对平行度和对试样轴线的垂直度均按照国家标准 GB/T 7314—2017 要求，试样高度和直径之比为 1~3。

**4. 实验步骤**

（1）测量试样直径 $d$。用游标卡尺在试样高度方向中间两个相互垂直方向上各测量一次，取其平均值。

（2）打开试验机及计算机系统电源。

（3）实验参数设置　按试验机操作软件设置试验标准、试样尺寸和加载速度等实验参数。

（4）试样安装　把试样放置在下压缩模板的正中间，试样中心线必须与压板中心线重合，避免偏心受力。

（5）试验操作　按下试验机上的电动机操作按扭控制试验机横梁的移动，将横梁调整到合适位置，此时压缩试样的上端面与压头间保持一定的距离。选择试验方法，按下控制板的［开始］按钮，试验开始。低碳钢试样在达到屈服阶段后即可停止试验，铸铁试样加压直至破坏。

（6）实验数据分析及输出，断后试样观察。

（7）关机　关闭试验机和计算机系统电源，清理实验现场，将相关仪器还原。

# 思 考 题

1. 金属材料的力学性能指标有哪些？

2. 金属的工艺性能包括哪些方面？机械加工方法有哪些？

3. 静拉伸时，低碳钢有哪些强度指标？铸铁的强度指标又是什么？比较两者的抗拉和抗压性能。

4. 哪些是可拆连接件？哪些是不可拆连接件？

5. 简述螺纹连接件的类型及防松方式。

6. 简述机械传动类型以及它们的优缺点。

7. 简述离合器和联轴器的作用。

8. 简述轴承的作用、类型及其优缺点。

# 机 械 测 量

## 【训练目的和要求】

1. 了解接触式测量仪的使用特点。
2. 了解内径量表快速测内径的方法。
3. 了解二维影像测量和三坐标测量的基本操作。
4. 了解表面粗糙度的常用检测方法。

## 3.1 概述

### 3.1.1 机械测量与产品质量控制

在机械制造生产各种零部件的过程中为了保证产品质量，确保生产的半成品或最终产品符合相应的加工技术要求，使零部件具有互换性，以保持生产的可持续性，常要求进行尺寸、几何形状、表面质量以及其他技术条件的测量或检验，这是生产过程中质量控制的必须步骤和重要措施。

一般情况下，检测精度要求不太高的零部件时，为了提高检测效率，常采用检验来控制加工质量，从而评定被测对象是否符合技术要求。但对于生产单件或小批量零部件时，常需要得到被测对象的具体数值，与技术要求进行比较，从而判断被测对象是否合格。

本书中测量范围比较广，包括零部件尺寸测量、形状和位置关系测量、表面粗糙度值测量等，需要对照图样相应的技术要求开展。

### 3.1.2 机械测量分类方法

在测量过程中，为了提高测量效率，保证测量精度，往往需要采用科学合理的测量方法，常见的测量方法有不同的分类方式。

按测量方式可分为：

（1）直接测量　直接读出测量值，无需进行相关函数关系的辅助计算。

（2）间接测量　通过直接测量与被测目标有相关函数关系的其他量，通过计算得到被测目标测量值。

按接触方式可分为：

（1）接触式测量　通过仪器的测量头与被测表面直接接触，并保证机械测量力，直接读出测量值。

（2）非接触式测量　仪器的测量头与被测表面之间没有机械测量力。

按指示值与被测目标量值的关系可分为绝对测量与比较测量两种。

（1）绝对测量　直接读出测量值。

（2）比较测量　将被测量同与它只有微小差别的同类标准量进行比较，测出两个量值之差。

### 3.1.3　长度和角度测量常用单位

在机械测量过程中，测量所采用的单位也是有要求的。一般而言，长度测量单位有米（m）、分米（dm）、厘米（cm）、毫米（mm）、微米（μm）。当单位是 mm 时，机械制图可以不标注单位。

### 3.1.4　机械测量误差

机械测量过程是在一定条件下进行的，由于环境条件和测量者的技术水平差异，以及测量仪器本身结构问题等原因，都可能产生测量误差。

测量误差主要来源四个方面：

（1）外界环境条件　外界环境条件包括测量过程中环境因素的变化导致测量结果产生误差。

（2）测量仪器　在生产和制造测量仪器过程中产生误差，导致测量结果产生误差。

（3）测量方法　采用不合适的测量方法，导致测量结果产生误差。

（4）测量者本身　测量者测量熟练程度不同，导致测量结果产生误差。

### 3.1.5　尺寸公差及偏差

在机械制造过程中，由于各种因素的影响，加工后零件的实际尺寸均有所差别，所以制定加工后零件的尺寸允许变动范围是必须的，允许的变动范围称为尺寸公差。其数值为最大极限尺寸减去最小极限尺寸之差后取绝对值。

极限偏差包括上极限偏差和下极限偏差，其中上极限偏差为最大极限尺寸减去公称尺寸获得的数值，下极限偏差为最小极限尺寸减去公称尺寸获得的数值。当公称尺寸相同时，尺寸公差越小，表明尺寸精度越高。

### 3.1.6　几何公差

加工后的零件由于有尺寸误差，因此组成零件表面的点、线、面等各要素的实际形状和位置相对理想的几何体而言具有一定的差异，这些差异称为几何公差，包括形状公差、方向公差、位置公差和跳动公差，它们会影响加工零件的性能，所以必须规定相应的公差。几何公差的特征及符号见表 3-1。

表 3-1　几何公差特征及符号

| 分类 | 特征项目 | 符号 | 分类 | | 特征项目 | 符号 |
|---|---|---|---|---|---|---|
| 形状公差 | 直线度 | — | 位置公差 | 定向 | 平行度 | // |
| | 平面度 | ▱ | | | 垂直度 | ⊥ |
| | 圆度 | ○ | | | 倾斜度 | ∠ |
| | 圆柱度 | ⌭ | | 定位 | 同轴度 | ◎ |
| | 线轮廓度 | ⌒ | | | 对称度 | ⹀ |
| | 面轮廓度 | ⌓ | | | 位置度 | ⊕ |
| | | | | 跳动 | 圆跳度 | ↗ |
| | | | | | 全跳度 | ⌰ |

### 3.1.7　机器制造中的互换性

　　随着现代制造技术的发展，机械制造的效率越来越高，零件的批量加工使零件有统一的技术要求，这使得在加工、制造、后续零件的修理、替换过程中可以采用标准件、通用件的加工和使用方式，即相同种类的零件可以互换而无需挑选和修配。这种互换性不仅包括几何参数的互换，也包括性能参数的互换，这样有利于批量生产，提高产品的使用价值。

## 3.2　长度类测量量具简介

### 3.2.1　量块

　　量块是具有精确尺寸的标准端面量具，如图 3-1 所示。一般使用合金钢制作，也有陶瓷量块。一套量块有各自的工作尺寸，组成工作尺寸系列。形状均为长方体，六个平面中有两个为相互平行的光滑平整的测量面，之间的高度称为中心高度。

图 3-1　量块

　　量块分 00、0、1、2、3 级。作为长度标准，可以传递尺寸的量值。一般用于校准、调整测量器具，也可用于比较法测量零件尺寸时作为标准等。不同尺寸的量块清洗测量面后采用叠加的方式可以组合成新的工作尺寸，但一般建议不超过 4 块。

### 3.2.2 游标卡尺

游标卡尺（图 3-2）的种类很多，但测量原理基本相同，由主尺和与主尺相对滑动的游标两部分构成，刻度值有 0.02mm、0.05mm 和 0.1mm 三种。Ⅰ型游标卡尺可以测量内尺寸、外尺寸和深度。Ⅱ型游标卡尺可以测量内尺寸、外尺寸，无深度测量功能。

从读数方式上来看，常用的游标卡尺有普通式、表式和数显式等类型。

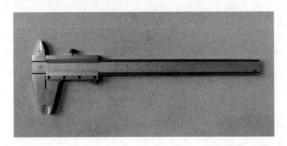

图 3-2　游标卡尺

读数时，先读出主尺整数部分，然后找到与主尺尺身的某条刻度线对齐的游标上的某一刻度线，数出重合处该游标刻度线在游标上的格数乘以刻度值，再加上整数部分即可，单位为 mm。

其他种类的游标尺有高度游标卡尺、深度游标卡尺和齿厚游标卡尺等。

### 3.2.3 千分尺

千分尺由测砧、固定套管、测微头、测力装置和锁紧装置等组成，通过旋转测微头，将旋转运动变成直线运动，控制测量力，进行外尺寸的测量。刻度值一般为 0.01mm，千分尺如图 3-3 所示。

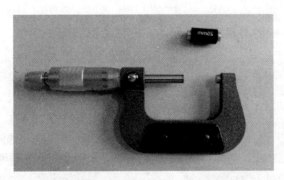

图 3-3　千分尺

从读数方式上看，常用的千分尺有普通式、表式和数显式等类型。

读数时先读出固定套筒的整数数据，若固定套筒上半刻度线已露出，再加 0.5mm，读出测微头格数乘以 0.01mm，再加上固定套筒的数据（包括半刻度），测微头格数需要估读。

其他种类的千分尺还有深度千分尺、杠杆千分尺、公法线千分尺、螺纹千分尺、内侧千分尺、内径千分尺等。

### 3.2.4　百分表

百分表也是长度测量器具，利用齿轮齿条或杠杆齿轮传动，将弹性测杆的微小直线运动放大，从而使指针在表盘上转动，刻度值一般为0.01mm，百分表如图3-4所示。

图3-4　百分表

百分表使用时需要有一定的预加量，往往和表架、机架等一起固定使用。其他种类的百分表还有杠杆百分表、内径量表等。

## 3.3　坐标测量知识

### 3.3.1　坐标测量

机械测量可以采用各种接触式量具对生产过程中的零部件进行尺寸公差、几何公差的测量，从而控制加工质量，提高生产效率，但在测量过程中，有时需要专门的测量平台以及辅助的测量工装夹具，对测量结果会产生一定的影响，而且有些测量过程尤其是几何公差的测量耗费时间比较长，后续数据处理工作量大。随着现代科技的发展，尤其是影像技术、计算机技术、自动控制技术等的进一步应用，通过平台内坐标系下采集测量对象点的坐标，通过算法计算出各要素之间的相互关系，这些大型测量设备可以大大提高工业测量的效率。

### 3.3.2　二维影像测量

机械测量中针对薄而小的加工零件，需要测量其某些面的点、线之间的相互关系，采用一般的量具很难测量或测量不到，可以通过二维影像测量的方法来解决。在CCD数位影像的基础上，将零件通过光学系统放大，通过电脑显示图形，读取二维尺寸数值，用相关软件模块运算，影像测量仪器适用于二维平面测量的应用领域，二维影像测量机如图3-5所示。

### 3.3.3　三坐标测量

一定的空间范围内，由手柄控制盒控制坐标采集头进行空间相对运动，采集被测量零件表面的三维坐标，构建各要素特征，采用相关测量软件进行计算，可以快速对尺寸误差、形状误差和位置误差进行测量，三坐标测量机测量效率及测量精度很高，广泛应用于机械制造的各个领域及行业中，三坐标测量机如图3-6所示。

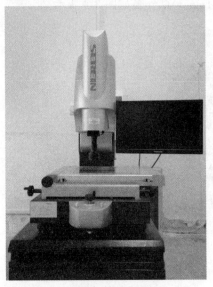 

图 3-5  二维影像测量机（深圳思瑞）　　　图 3-6  三坐标测量机（深圳思瑞）

### 3.3.4  便携式三坐标测量

当需要进行现场测量时，固定式三坐标测量机的使用受到限制，可采用方便携带、安装快捷的便携式三坐标测量仪进行快速测量及数据处理。三坐标测量仪由 CCD、传感器、探测系统、相关软件及电缆数据线等组成，经过校准后，测量系统可以快速准确地计算出探测点的三维坐标。便携式三坐标测量仪收起状态和工作状态分别如图3-7、图3-8所示。

图 3-7  便携式三坐标测量仪　　　　　图 3-8  便携式三坐标测量仪
（收起状态）　　　　　　　　　　　（工作状态）

## 3.4 表面粗糙度

### 3.4.1 定义及参数

表面粗糙度是指零件加工后表面存在较小间距及微小峰谷，从而产生不平度，属于微观几何形状误差。表面粗糙度值越小，表面越光滑。

表面粗糙度一般是由加工方法、材料特性等因素形成，由于加工方法和零件材料的差别，被加工表面会留下不同的痕迹。

表面粗糙度与机械零件的配合性质、耐磨性、疲劳强度、接触刚度、振动和噪声等均有密切关系，对机械零件的使用寿命、可靠性等有重要影响。

表面粗糙度的单位一般为 $\mu m$。在测量过程中常采用 $Ra$ 表示轮廓算术平均偏差。是轮廓上各点高度在测量长度范围内的算术平均值，因对加工表面峰谷起伏程度有较好的反映。

### 3.4.2 常用测量方法

表面粗糙度测量方法有比较法、光切法、干涉法、针描法、印摸法等。

## 3.5 测量实例

### 3.5.1 用内径量表判断内孔尺寸 30±0.1mm

#### 1. 仪器参数

测量装置由杠杆式测量架和百分表组合，测量范围18~35mm，如图3-9所示。

#### 2. 测量步骤

1）将表架擦拭干净，将百分表小心插入表架的弹性卡头中，使百分表大指针转过一定数值，具有预压量，旋紧卡头螺母，为防止表架变形，不可用力过度。根据测量孔的公称尺寸，选用合适长度的固定测头并旋紧测头固定螺母。

2）构建30mm间距并锁紧。

3）握住内径量表手柄，将内径量表弹性测头和固定测头部分放入构建好的标准间距的两测量面间，轻微摆动手柄，找出百分表大指针的拐点，转动百分表刻度盘，使0刻线与指针的拐点重合，完成零点调整。

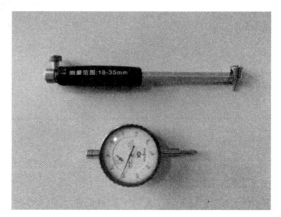

图3-9　内径量表

4）将调整完毕的内径量表弹性测头和固定测头放入零件内孔，同样轻微摆动手柄，观察新的拐点是否与0点重合，若不重合，根据新的拐点位置对零件内径进行判断。

### 3.5.2 用影像测量机完成校正、元素特征构建及计算

#### 1. 仪器参数

仪器名称 VMS3020 II 型影像测量机（深圳思瑞）。

行程：$X$ 方向 300mm　$Y$ 方向 200mm　$Z$ 方向 200mm。

外形尺寸：长 720mm；宽 760mm；高 1150mm。

光栅尺分辨率：1μm。

变焦物镜倍率：0.7 倍~4.5 倍。

摄像机：1/3″ SONY 彩色 CCD 摄像机。

工作距离：95mm。

物方视场：8.8~1.4mm。

总放大倍率：38 倍~250 倍。

光源：表面环形光、轮廓光均采用 LED，亮度可无极调节。

电源：220V，50Hz。

工作台承重：16kg。

控制方式：手动。

测量精度：（3.0+L/150）μm。

#### 2. 测量步骤

1）开启影像测量机主机并打开相关灯光，打开测量软件 VMS 3.1，如图 3-10 所示。

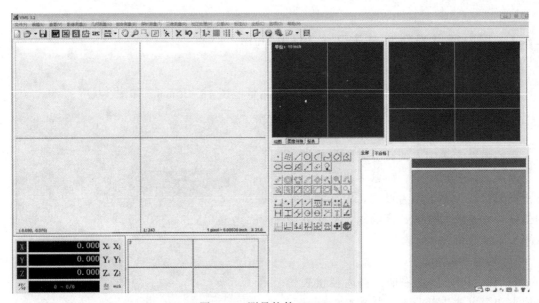

图 3-10　测量软件 VMS 3.1

　　根据被测量零件特点选取合适的放大倍数，将擦拭干净的校验板放在影像测量机工作台面上，调焦使校验板上黑色圆成像清晰。采用软件命令"影像校正-三圆"进行校准，如图 3-11 所示。

2）将擦拭干净的被测量零件放在影像测量机工作台面上，调焦使成像清晰。采用软件

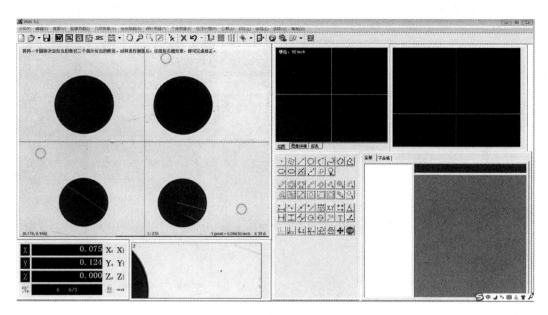

图 3-11　校准

相关命令用鼠标构建点、线、圆等特征，用"公差"命令计算直线度、垂直度等。

3）连选已构建的各特征要素及计算结果，选用 Word 或 Excel 形式文档建立实验测量报告并命名保存。

### 3.5.3　用三坐标测量机完成测头校正、元素特征构建及计算

**1. 仪器参数**

仪器名称：CROMA564 型全自动三坐标测量机（深圳思瑞）。

行程：$X$ 方向 500mm、$Y$ 方向 600mm、$Z$ 方向 400mm。

结构形式：移动桥式。

传动方式：直流伺服系统+预载荷高精度空气轴承。

光栅：开放式光栅尺玻璃光栅。

机台：高精度花岗岩平台。

整机尺寸：1050mm×1535mm×2247mm。

机台承重：300kg。

整机重量：590kg。

长度测量最大允许示值误差：$MPE_E = 2.8 + L/300$。

**2. 测量步骤**

最大允许探测误差：$MPE_P = 3.5$。

1）开启外围设备空压机及过滤净化装置。

2）打开气动三联件，开启主机控制器，待手柄控制盒自检后，重新上电。打开测量软件 PC-DMIS，如图 3-12 所示。

3）根据被测量零件特点添加新的角度并进行校准。采用手柄控制盒控制人造红宝石测

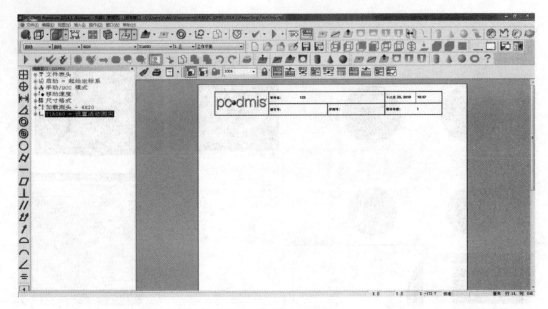

图 3-12　测量软件 PC-DMIS

量球的空间运动，手动采集零件表面点的坐标，构建各个特征并计算相对关系。建立实验测量报告并命名保存。

### 3.5.4　用便携式三坐标测量仪完成校准、元素特征构建及计算

#### 1. 仪器参数

仪器名称：HANDYPROBE NEXT（CREAFORM）。

精度：最高 0.025mm。

单点重复性：9.1m$^3$：0.060mm。

单点重复性：16.6m$^3$：0.088mm。

体积精度：9.1m$^3$：0.086mm。

体积精度：16.6m$^3$：0.122mm。

体积精度（采用 MaxSHOT 3D 或 C-Link）：0.060+0.025mm/m。

整机重量：5.7kg。

尺寸：1031mm×181mm×148mm。

操作温度范围：5~40℃。

操作湿度范围（非冷凝）：10%~90%

#### 2. 测量步骤

1）将便携式三坐标测量仪小心架好，保证俯仰角和倾斜角在±3 之间。打开控制器，预热 15min，控制器屏幕显示 READY。

2）打开校准软件 VXELEMENTS，进入 C-架校准界面。根据软件校准命令提示，采用校准棒对 C-架进行校准，校准后保存校准结果，如图 3-13 所示。

3）打开校准软件 VXELEMENTS，进入探测器校准界面。根据软件校准命令提示，采用

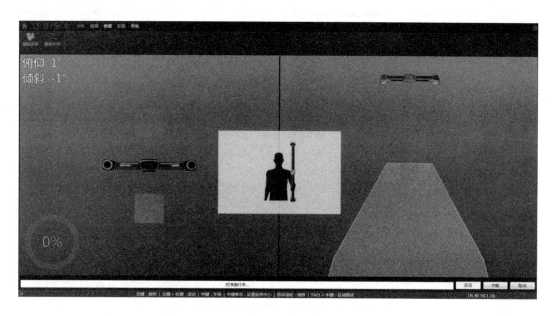

图 3-13　VXELEMENTS（对 C-Track 校准）

校准锥对探测器进行校准，校准后保存校准结果，如图 3-14 所示。

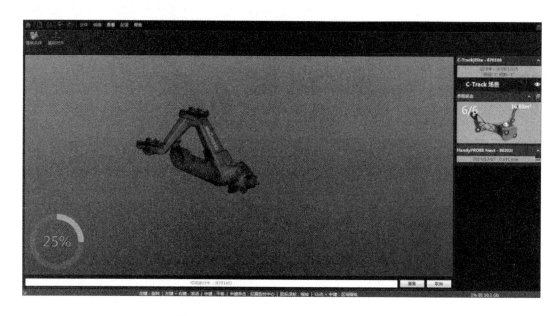

图 3-14　VXELEMENTS（对探测器校准）

4）关闭校准软件 VXELEMENTS，打开软件 POLYWORKS，进入探测模块，用相关命令连接探测器，如图 3-15 所示。

5）在软件各元素构建命令的指引下，采集零件表面点坐标，构建各个特征并计算对应关系。建立实验测量报告并命名保存。

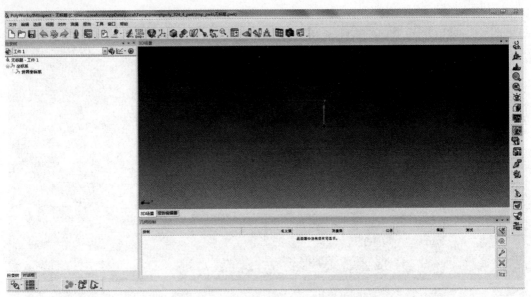

图 3-15　POLYWORKS（探测模块）

# 思　考　题

1. 简述机械测量的分类方法。
2. 什么是测量误差？主要来源是什么？
3. 简述表面粗糙度的定义及测量方法。
4. 结合实训过程，说明三坐标机的使用注意事项。

# 训练 4

# 机 器 测 绘

## 【训练目的和要求】

1. 了解机器测绘的目的。
2. 了解测绘的工具及拆卸方法。
3. 测绘的实例。

## 4.1 测绘概述

### 4.1.1 测绘的应用

#### 1. 设计产品

为了设计新产品，对有参考价值的机械设备或产品进行测绘，作为新产品设计的参考依据。通过测绘了解机器的工作原理、结构特点、零部件的加工工艺、安装与维护等，从而取人之长、补己之短，不断提高设计水平。

#### 2. 仿制机器

部分引进的产品或设备具有良好的性能和一定的推广应用价值，但由于缺乏技术资料和图样，通常通过测绘机器的所有零部件，获得生产这种产品或设备所需要的有关技术材料，以便组织生产。这种为了仿制而进行的测绘，工作量较大，测绘内容也较全面。仿制机器速度快，经济成本低，又能为自行设计提供宝贵经验，因而受到各国的普遍重视。

#### 3. 修复与改造已有设备

机器因零部件损坏不能正常工作，又无图样可查时，需对有关零部件进行测绘，以满足修配工作的需要。有时为了发挥已有设备的潜力，常利用已有设备的主体零件或部分零件，经过测绘，配置一些新零件或新机构，改善机器设备的性能，一般只需测绘有关的内容，测绘的工作量相对较小。

#### 4. 技术资料存档与技术交流

引进的国外机器，有时缺少关键性的图样；而改造革新的机器，有些是在无资料、无图样的情况下进行试制的，为了技术存档和技术交流，必须对这些机器进行测绘，以获取完整的技术资料和图样。

### 5. 工程院校的测绘教学

零部件测绘作为《机械制图》课程的一个重要实践性教学环节，旨在加强对学生进行实践技能的训练，以及工程意识和创新能力的培养。其目的在于提高学生的动手能力，正确使用工具拆卸机器（部件），使用量具测量零件，训练徒手绘草图的技能，掌握相关知识的综合应用，培养与他人合作的精神。

## 4.1.2 机器测绘的目的和任务

### 1. 部件测绘的目的

部件测绘就是对现有的机器或部件进行实物拆卸与分析，并选择合适的表达方案，绘制出全部零件的草图和装配示意图，然后根据装配示意图和部件实际装配关系，对测得的尺寸和数据进行圆整与标准化，确定零件的材料和技术要求，最后根据零件草图绘制出装配工作图和零件工作图的过程。部件测绘对现有机器设备的改造、维修、仿制和技术的引进、革新等方面有着重要的意义，是工程技术人员应掌握的基本技能。

部件测绘实训是一门在学完《机械制图》全部课程后集中一段时间专门进行部件测绘的实训课程，主要目的是让学生把已经学习到的机械制图知识全面、综合性地运用到零部件测绘实践中，进一步总结、提高所学到的机械制图知识，培养学生的部件测绘工作能力和设计制图能力，并且配合后续的专业技术课程和专业课程开设"课程设计"和"专业毕业设计"等课程，有助于学生对后续课程的学习和理解。

部件测绘是工科院校机械类、近机类各专业学习机械制图重要的实践训练环节，是理论与实践相结合，并在实践中培养解决工程实际问题能力的最好方法。

### 2. 部件测绘的任务

1）培养学生综合运用机械制图理论知识去分析和解决工程实际问题的能力，并进一步巩固、深化、扩展所学到的机械制图理论知识。

2）通过对部件测绘实践训练，使学生初步了解部件测绘的内容、方法和步骤。正确使用工具拆卸机器部件，正确使用测绘工具测量零件尺寸，训练徒手绘制零件草图，使用尺规和计算机绘制装配图和零件工作图的技能。

3）使学生在设计制图、查阅标准手册、识读机械图样、使用经验数据等方面的能力得到全面的提高。

4）完成测绘实训所规定的零件草图、装配图、零件工作图的绘制工作任务，提高识图、绘图的技能与技巧。

## 4.1.3 机器测绘的步骤

测绘机器一般按以下几个步骤完成。

### 1. 做好测绘前的准备工作

全面细致地了解测绘对象的用途、性能、工作原理、结构特点以及装配关系等，了解测绘目的和任务，在组织、资料、场地、工具等方面做好充分准备。

### 2. 拆卸零部件

对测绘的零部件进行拆卸，弄清被测零部件的工作原理和结构形状，并对零件进行记录、分组和编号。

### 3. 绘制装配示意图

装配示意图是在机器或部件拆卸过程中所画的记录图样，是绘制装配图和重新进行装配的依据。它主要表达各零件之间的相对位置、装配与连接关系以及传动路线等，装配示意图的画法没有严格的规定，通常用简单的线条画出零件的大致轮廓。

### 4. 绘制零件草图

根据所拆卸的零件进行测量，装配体中除标准件外的每一个零件都应根据零件内、外结构特点，选择合适的表达方案画出零件草图。画零件草图一般用方格纸绘制。

### 5. 测量零部件

对拆卸后的零件进行测量，得到零件的尺寸和相关参数，并标注在草图上，确定零件材料。要特别注意零部件的基准及相关零件之间的配合尺寸或关联尺寸间的协调一致，对零件尺寸进行圆整，使尺寸标准化、规格化、系列化。

### 6. 绘制装配草图

根据装配示意图和零件草图绘制装配草图，这是测绘的主要任务。装配草图不仅要表达出装配体的工作原理、装配关系以及主要零件的结构形状，还要检查零件草图上的尺寸是否协调、干涉、合理。在绘制装配草图的过程中，若发现零件草图上的形状或尺寸有错，应及时更正。

### 7. 绘制零部件工作图

根据草图及尺寸、检验报告等有关方面的资料整理出成套机器图样，包括零件工作图、部件装配图和总装配图等，并对图样进行全面审查，重点在标准化和技术要求，确保图样质量。

## 4.1.4　机器测绘的准备工作

### 1. 机器测绘的组织准备

零部件测绘的组织准备工作要根据测绘对象的复杂程度、工作量大小而定。复杂的测绘对象，通常用几人，甚至十几人、几十人，花费很长时间才能完成；简单的测绘对象，只需几个人在很短时间内即可完成。

对于中等复杂程度的测绘对象，需要有一定的组织机构。首先应有测绘负责人，详细了解测绘任务，估计测绘工作量。然后组织测绘工作小组，平衡各组的测绘工作量，把控测绘工作的进程，解决测绘中的各种问题等。

各测绘小组在全面了解测绘对象的基础上，重点了解本组所测绘的零部件在设备中的作用，以及其他零部件之间的联系，包括配合尺寸、基准面之间的尺寸和尺寸链关系等。在此基础上，对其所承担的测绘对象进行深入地了解分析，做出测绘分工。

### 2. 机器测绘的资料准备

根据所承担的测绘任务，准备必要的资料，如有关国家标准、行业标准、企业标准、图册和手册、产品说明书以及有关的参考书籍等。

### 3. 收集测绘对象的原始资料

（1）产品说明书（或使用说明书）　内容包括产品的名称、型号、性能、规格、使用说明等。一般附有插图、简图，有的还附有备件一览表。

（2）产品样本  一般有产品的外形图及结构简图、型号、规格、性能参数等。

（3）产品合格证  标有该产品的主要技术指标。

（4）产品性能标签  一些工业发达国家为了顾客更好地了解产品性能，以产品性能标签的形式对产品进行宣传报导。产品性能标签相当于产品的身份证，在标签上有详细描述产品外貌、名称、型号以及各项性能指标和使用情况的内容。它比广告要准确可靠，还有一定的权威性。

（5）产品年鉴  按年份排列汇集的、介绍某一种或某一类产品的情况及统计资料的参考书，具有较严密的连续性、技术发展性。

（6）产品广告  介绍产品规格性能的宣传资料，有外观照片或立体图等，对测绘有一定的参考价值。

（7）维修图册  一般有结构拆卸图，零部件的装配、拆卸关系一目了然。

（8）维修配件目录（或称易损件表）  为提高设备完好率、统一管理和计划供应配件而编制的，主要介绍机器设备有关配件的性能数据、型号和规格，附有配件型号、规格、生产厂家、材质、质量、价格和示意图等。

还有其他有关测绘对象的文献资料等。

**4．有关拆卸、测量、制图等方面的有关资料、图册和标准的设备**

1）零部件的拆卸与装配方法等有关的资料。

2）零件尺寸的测量和公差确定方法的资料。

3）制图及校核方面的资料。

4）各种有关的标准资料，包括国家标准、行业标准和企业标准等。

5）齿轮、螺纹、花键、弹簧等典型零件的测绘经验资料。

6）标准件的有关资料。

7）与测绘对象相近的同类产品的有关资料。

8）机械零件设计手册、机械制图手册、机械手册等工具书籍。

随着计算机和网络的发展，还可以通过网络收集与测绘对象有关的各种信息。

**5．机器测绘的场地准备**

测绘场地应为一个封闭环境，有利于管理和安全。除绘图设备外，还应有测绘平台，不能将零部件直接放在绘图板上，以免污损图样，发生事故，损坏零部件。擦拭好工作台，与测绘无关的东西不要放在工作场地内。为零部件准备存放用具，如储放柜、存放架、多规格的塑料箱、盘基金属箱、盘等；机油、汽油、黄油、防锈剂等的存放用具。

## 4.2  测绘工具

拆卸零部件时常用的拆卸工具主要有扳手类、螺钉旋具类、手钳类、拉拔器、铜冲、铜棒、手锤，各类工具又分为很多种，下面简要介绍常用的一些拆卸工具。

### 4.2.1  扳手类

扳手的种类较多，常用的有活扳手、梅花扳手、呆扳手、内六角扳手、套筒扳手。

## 1. 活扳手

活扳手（GB/T 4440—2008）的型式如图 4-1a 所示。

用途：调节开口度后，可用来紧固或拆卸一定尺寸范围内的六角头或方头螺栓、螺母。

规格：以总长度（mm）×最大开口度（mm）表示，如 100×13，150×18，200×24，250×30，300×36，375×46，450×55，600×65 等。

标记：活扳手的标记由产品名称、规格和标准编号组成。例如：150mm 的活扳手可标记为活扳手 150mmGB/T4440

活扳手在使用时要转动螺杆来调整活舌，用开口卡住螺母、螺栓等，其大小以刚好卡住为好，因此工作效率较低。

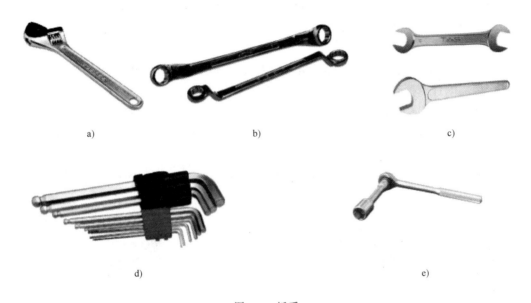

图 4-1　扳手

a）活扳手　b）梅花扳手　c）呆扳手　d）内六角扳手　e）成套套筒扳手

## 2. 呆扳手和梅花扳手

（1）呆扳手（GB/T 4388—2008）　呆扳手分为单头呆扳手和双头呆扳手两种型式，如图 4-1c 所示。

用途：单头呆板手专用于紧固或拆卸一种规格的六角头或方头螺栓、螺母。双头呆扳手每把适用于紧固或拆卸两种规格的六角头或方头螺栓、螺母。

规格：单头呆扳手以开口宽度（mm）表示，如 8，10，12，14，17，19 等。双头呆扳手以两头开口宽度（mm）表示，如 8×10，12×14，17×19 等，每次转动角度大于 60°。

（2）梅花扳手（GB/T 4388—1995）　梅花扳手分为双头梅花扳手和单头梅花扳手两种型式，并按颈部形状分为矮颈型、高颈型、直颈型和弯颈型，双头梅花扳手的型式如图 4-1b 所示，扳手占用空间较小，是一种使用较为广泛的扳手。

用途：如图 4-2a 所示，单头梅花扳手专用于紧固或拆卸一种规格的六角头或方头螺栓、螺母，双头梅花扳手每把适用于紧固或拆卸两种规格的六角头或方头螺栓、螺母。

规格：单头梅花扳手以适用的六角头对边宽度（mm）表示，如 8，10，12，14，17，

19 等。双头梅花扳手以两头适用的六角头对边宽度（mm）表示，如 8×10，10×11，17×19 等，每次转动角度大于 15°。

在使用时呆扳手和梅花扳手因开口宽度为固定值不需要调整，因此与活扳手相比其工作效率较高。

### 3. 内六角扳手

内六角扳手（GB/T 5356—2008）分为普通级和增强级，其中增强级用 R 表示。内六角扳手型式如图 4-2b 所示。

用途：专门用于装拆标准内六角螺钉。

规格：以适用的六角孔对边宽度（mm）表示，如 2.5，4，5，6，8，10 等。

标记：由产品名称、规格、等级和标准号组成。例如，规格为 12mm 增强级内六角扳手应标记为：内六角扳手 12R GB/T 5356—2008。

### 4. 套筒扳手

套筒扳手（GB/T 3390.1—2013）由各种套筒、连接件及传动附件等组成，根据套筒、连接件及传动附件的件数不同组成不同的套筒，如图 4-3 所示。

用途：用于紧固或拆卸六角螺栓、螺母，特别适合空间狭小、位置深凹的工作场合。

规格：以适用的六角头对边宽度（mm）表示，如 10、11、12 等。每套件数有 9、13、17、24、28、32 等。

在使用时套筒扳手根据要转动的螺栓或螺母大小的不同，安装不同的套筒进行工作。

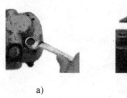

a) 　　　　　　　　b)

图 4-2　梅花扳手和内六角扳手
a）梅花扳手的使用　b）内六角扳手的使用

图 4-3　套筒扳手

## 4.2.2　螺钉旋具类

螺钉旋具俗称螺丝刀或起子，常见的螺钉旋具按工作端形状不同分为一字槽、十字槽以及内六角花形螺钉旋具等。

### 1. 一字槽螺钉旋具

一字槽螺钉旋具（GB/T 10639—1989）按旋杆与旋柄的转配方式，分为普通式（用 P 表示）和穿心式（用 C 表示）两种，常见类型有木柄螺钉旋具、木柄穿心螺钉旋具、塑料柄螺钉旋具、方形旋杆螺钉旋具和短形柄螺钉旋具等，图 4-4a 所示为一字槽塑料穿心螺钉旋具。

用途：用于紧固或拆卸各种标准的一字槽螺钉。

规格：以旋杆长度（mm）×工作端口厚（mm）×工作端口宽（mm）表示，如 50×0.4×2.5，100×0.6×4 等。

图 4-4　螺钉旋具

a) 一字槽螺钉旋具　b) 十字槽螺钉旋具

### 2. 十字槽螺钉旋具

十字槽螺钉旋具（GB/T 1065—1989）按旋杆与旋柄的装配方式，分为普通式（用 P 表示）和穿心式（用 C 表示）两种，按旋杆的强度分为 A 级和 B 级两个等级。常见类型有木柄螺钉旋具、木柄穿心螺钉旋具、塑料柄螺钉旋具、方形旋杆螺钉旋具和短形柄螺钉旋具等，图 4-4b 所示为十字槽塑料穿心螺钉旋具。

用途：用于紧固或拆卸各种标准十字槽螺钉。

规格：以旋杆槽号表示，如 0，2，3，4 等。

螺钉旋具除上述常用的几种之外，还有夹柄螺钉旋具（用于旋拧一字槽螺钉，必要时允许敲击尾部）、多用螺钉旋具（用于旋拧一字槽、十字槽螺钉及木螺钉，可在软质木料上钻孔，并兼作测电笔用）及双弯头螺钉旋具（用于装拆一字槽、十字槽螺钉，适于螺钉工作空间有障碍的场合）等。

### 3. 内六角花形螺钉旋具

内六角花形螺钉旋具（GB/T 5358—1998）专用于旋拧内六角螺钉，其型式如图 4-5 所示。

内六角花形螺钉旋具的标记由产品名称、代号、旋杆长度、有无磁性和标准号组成。例如：内六角花形螺钉旋具 T10×75H G8/T 5358—1998（注：带磁性的用 H 字母标记）。

图 4-5　内六角花形螺钉旋具

## 4.2.3　手钳类

### 1. 尖嘴钳

尖嘴钳（QB/T 2440.1—2017）的型式如图 4-6a 所示，分柄部带塑料套与不带塑料套两种。

用途：适合在狭小工作空间夹持小零件和切断或扭曲细金属丝，带刃尖嘴钳还可以切断金属丝。主要用于仪表、电信器材、电器等的安装及其他维修工作等。

规格：以钳全长（mm）表示，有 125、140、160、180、200 等。

产品的标记由产品名称、规格和标准号组成。例如，125mm 的尖嘴钳标记为：尖嘴钳 125mm QB/T 2440.1—2017。

### 2. 扁嘴钳

扁嘴钳（QB/T 2440.2—2017）按钳嘴形式分为长嘴和短嘴两种，柄部分带塑料套与不带塑料套两种，如图 4-6b 所示。

用途：用于弯曲金属薄片和细金属丝、拔装销子、弹簧等小零件。

规格：以钳全长（mm）表示，有 125、140、160、180 等。

产品的标记由产品名称、规格和标准号组成。例如：140mm 的扁嘴钳标记为：扁嘴钳 140mm QB/T 2440.2—1999。

a)                    b)

图 4-6  手钳

a) 尖嘴钳  b) 扁嘴钳

### 3. 钢丝钳

钢丝钳（QB/T 2442.1—2017）又称夹扭剪切两用钳，型式如图 4-7a 所示，分柄部带塑料套与不带塑料套两种。

用途：用于夹持或弯折金属薄片、细圆柱形件，切断细金属丝，带绝缘柄的在有电的场合下使用（工作电压 500V）。

规格：钳全长（mm），有 160、180 和 200 三种。

产品的标记由产品名称、规格和标准号组成。例如：160mm 的钢丝钳标记为钢丝钳 160mm QB/T 2442.1—2017。

a)                    b)

图 4-7  钢丝钳与弯嘴钳

a) 钢丝钳  b) 弯嘴钳

### 4. 弯嘴钳

弯嘴钳分柄部带塑料套与不带塑料套两种，如图 4-7b 所示。

用途：用于在狭窄或凹陷下的工作空间中夹持零件。

规格：全长（mm），有 125、140、160、180 和 200 五种。

### 5. 卡簧钳

卡簧钳（JB/T 3411.47—1999）分轴用挡圈钳和孔用挡圈钳。为适应安装在各种位置中挡圈的拆卸，这两种挡圈钳又分为直嘴式和弯嘴式两种结构，如图 4-8 所示。

用途：专门用于装拆弹性挡圈，如图 4-8 所示。

规格：全长（mm）：125、175 和 225。

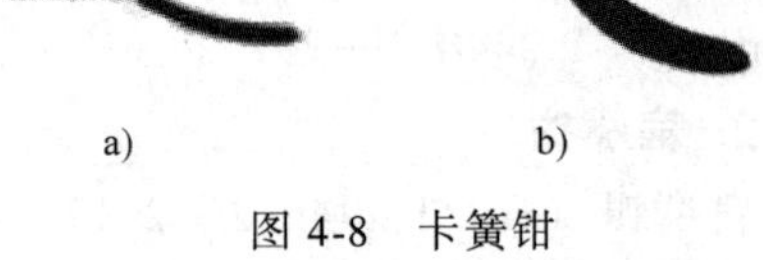

### 6. 管子钳

管子钳（QB/T 3858—1999）分Ⅰ型、Ⅱ型（铸柄）、Ⅲ型（锻柄）、Ⅳ型（铝合金柄）、Ⅴ型五个型

a)                    b)

图 4-8  卡簧钳

a) 直嘴式卡簧钳  b) 弯嘴式卡簧钳

号。按承载能力分为重级（用 Z 表示）、普通级（用 P 表示）和轻级（用 Q 表示）三个等级，型式如图 4-9 所示。

用途。管子钳用于紧固或拆卸金属管和其他圆柱形零件，为管路安装和修理工作常用工具。

规格。全长（mm）：150（最大夹持管径 20），200（最大夹持管径 25），250（最大夹持管径 30）。

图 4-9　管子钳

## 4.2.4　拉拔器

### 1. 三爪拉拔器

三爪拉拔器（JB/T 3461—1983）的型式如图 4-10 所示。

用途：用于轴系零件的拆卸，如轮、盘或轴承等类零件。

规格：三爪拉拔器直径 $D$（mm）：160，300。

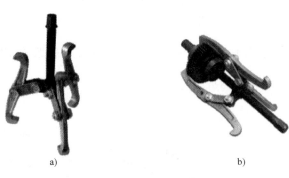

a)　　　　　　　　　　　　　b)

图 4-10　三爪拉拔器

a）三爪拉拔器　b）三爪拉拔器的使用

### 2. 两爪拉拔器

两爪拉拔器（JB/T 3460—1983）的型式如图 4-11 所示。

用途：在拆卸、装配、维修工作中，用于拆卸轴上的轴承、轮盘等零件，还可以用于拆卸非圆形零件。

规格：爪臂长（mm）分别为 160、250、380。

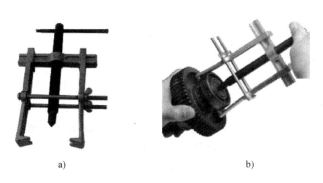

a)　　　　　　　　　　　　　b)

图 4-11　两爪拉拔器

a）两爪拉拔器　b）两爪拉拔器的使用

### 4.2.5　其他拆卸工具

除上述介绍的拆卸工具外，常用的还有，如铜冲、铜棒、木锤、橡胶锤、铁锤等，如图4-12所示。

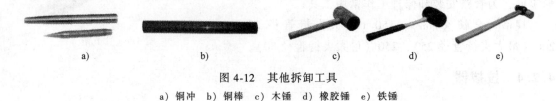

图 4-12　其他拆卸工具

a) 铜冲　b) 铜棒　c) 木锤　d) 橡胶锤　e) 铁锤

## 4.3　齿轮泵的测绘

### 4.3.1　齿轮泵的作用与工作原理

齿轮泵是一种在供油系统中为机器提供润滑油的部件，一般由 12~18 个零件组成，是常用的教学测绘部件，如图4-13所示。

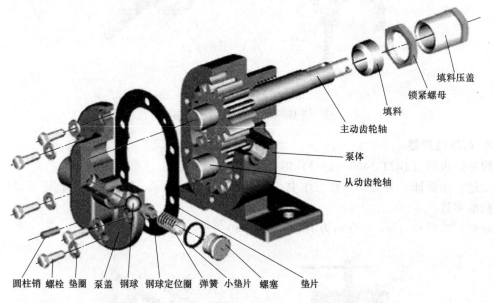

图 4-13　齿轮泵

齿轮泵的工作原理如图4-14所示，当电动机带动主动齿轮轴逆时针方向转动时，主动齿轮轴带动从动齿轮轴转动，泵体前端进口处形成真空，油液通过进油孔吸入，再经过两齿轮的挤压产生压力油，最后通过出油孔排出。为防止油压增高或空气进入而产生出油不畅的事故，在泵盖上设计有安全阀装置，正常运行时，安全阀处于关闭状态，当油压升高超过安全阀的额定压力时，安全阀被压力顶开，这时出口处的油通过安全阀里的通道返回进口处，形成油在泵体内部的循环，从而起安全保护的作用。

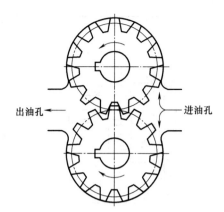

图 4-14 齿轮泵工作原理图

### 4.3.2 齿轮泵的拆卸顺序及装配示意图画法

#### 1. 齿轮泵的拆卸顺序

齿轮泵拆卸顺序如下：

1）从泵盖处拧下 6 个螺栓和垫圈，将泵盖从泵体上拆卸下来，并卸下密封垫片。

2）从泵体中取出从动齿轮和从动轴（有的齿轮泵从动齿轮和从动轴是一体的）。

3）从泵体另一面拧下压盖螺母，取走填料压盖，抽出填料（石棉或石棉绳），将主动轴、主动齿轮从泵体腔中取出。

4）泵体上有两个圆柱定位销，用于泵体与泵盖的连接定位，可不必拆卸。

5）拧下安全阀上的螺钉，取下垫圈、弹簧和钢球。

齿轮泵的装配顺序与拆卸顺序相反。

#### 2. 画装配示意图

装配示意图是采用规定的符号和线条，画出组成装配体中各零件的大致轮廓形状和相对位置关系，用于说明零件之间装配关系、传动路线及工作原理等内容的简单图形，图 4-15 所示为齿轮泵的装配示意图。

画装配示意图时应注意以下几点：

1）装配示意图的作用是将装配体内外各主要零件的装配位置和配合关系全部反映出来，因此要表达完整。

2）每个零件只画出大致轮廓或用简单线条表示，标准件和常用件采用符号或规定画法表示。

3）装配示意图一般只画一到二个图形，并按投影关系配置。

4）装配示意图应按照部件的装配顺序编出零件序号，并列表写出各零件名称、数量、材料等项目。

### 4.3.3 齿轮泵零件草图测绘

#### 1. 泵轴草图测绘

（1）轴的作用与结构特点　泵轴是齿轮泵的主要零件，其作用是支承和连接轴上的零件，如齿轮、带轮、压盖、衬套等，使轴系零件具有确定的位置并传递运动和扭距。轴的结

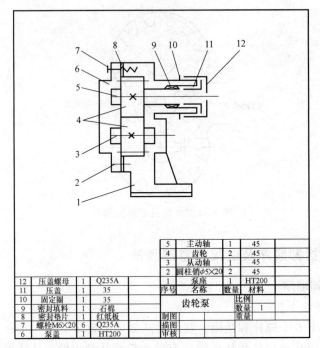

| 5 | 主动轴 | 1 | 45 |
|---|---|---|---|
| 4 | 齿轮 | 2 | 45 |
| 3 | 从动轴 | 1 | 45 |
| 2 | 圆柱销φ5×20 | 2 | 45 |
| 1 | 泵座 | 1 | HT200 |
| 序号 | 名称 | 数量 | 材料 |

| 12 | 压盖螺母 | 1 | Q235A |
|---|---|---|---|
| 11 | 压盖 | 1 | 35 |
| 10 | 固定圈 | 1 | 35 |
| 9 | 密封填料 | 1 | 石棉 |
| 8 | 密封垫片 | 1 | 红纸板 |
| 7 | 螺栓M6×20 | 6 | Q235A |
| 6 | 泵盖 | 1 | HT200 |

| 齿轮泵 | | 比例 | |
|---|---|---|---|
| | | 数量 | 1 |
| | | 重量 | |
| 制图 | | | |
| 描图 | | | |
| 审核 | | | |

图 4-15  齿轮泵装配示意图

构特点是同轴回转体，通常由圆柱、圆锥、内孔、螺纹等组成，在轴上常加工有键槽、销孔、螺纹等连接定位结构和中心孔、螺纹退刀槽、倒角与倒圆等工艺结构。

轴的形状取决于轴系零件在轴上安装固定的位置，以及轴在泵体中的安装位置和轴在加工及装配中的工艺要求。

轴的长度尺寸主要取决于轴系零件的尺寸和功能尺寸，轴的径向尺寸主要取决于对轴的强度和钢度的要求。

（2）轴的草图画法  分析好轴的结构特点后，要根据轴画出零件草图，图 4-16 所示泵轴的零件草图，画法如下：

1）确定表达方案。根据轴的结构特点，通常选择一个以轴向位置（轴线为水平方向）投影的基本视图（即主视图），轴上的键槽、销孔可采用移出断面图表达，中心孔可采用局部剖视图表达，退刀槽、倒角倒圆等细小结构可采用局部放大图来表达。轴的草图应优先采用 1∶1 比例。

2）标注零件尺寸。零件草图画好后，应标注尺寸。首先分析并确定尺寸基准，轴的轴向尺寸基准一般选择以轴的定位端面（与齿轮的接触面，也称轴肩端面）为主要基准，根据结构和工艺要求，选择轴的两头端面为辅助基准。轴的径向尺寸（直径尺寸）是以中轴线为主要基准。

螺纹、键槽等标准件尺寸测出之后，要查表选取最接近的标准值，并按照规定的标注方法进行标注。工艺结构如螺纹退刀槽、砂轮越程槽、倒角倒圆的尺寸可通过查表得出，并按照常见工艺结构标注方法进行标注或在技术要求中用文字说明，其他结构尺寸测量之后的数值要进行圆整。

由于泵轴的很多结构尺寸精度要求较高，对于这些尺寸，要采用游标卡尺或千分尺测

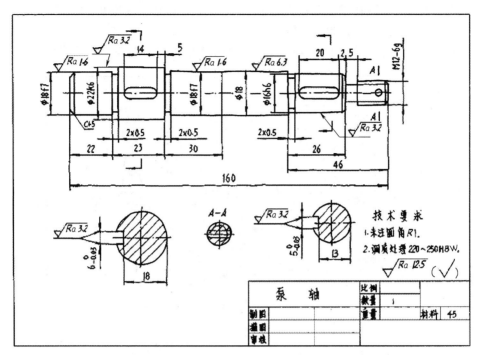

图 4-16　泵轴零件草图

量。应注意轴与孔的配合尺寸，其公称尺寸应相同，各径向尺寸应与相配合零件的关联尺寸一致。

　　3）标注技术要求。泵轴的尺寸精度、几何精度、表面质量要求直接关系到齿轮泵的传动精度和工作性能，因此要标注相应的技术要求。

　　① 尺寸公差。主动轴、从动轴与泵体的配合属于间隙配合，一般选用 f7 或 h7，轴上的连接件如齿轮、带轮一般选用 k7 配合，其次还要标注键槽两工作面的尺寸公差。

　　② 几何公差。此处仅讨论形状和位置公差。形状公差可由位置公差限定，不提专门要求，其位置公差可选择各配合部分的轴线相对整体轴线有径向圆跳动要求，其公差值一般选 0.03mm。

　　③ 表面粗糙度。主动轴、从动轴与泵体的配合表面一般选用 $Ra1.6 \sim 3.2\mu m$，与齿轮的配合表面可选用 $Ra3.2\mu m$，轴的定位端面可选用 $Ra3.2 \sim 6.3\mu m$，键槽的工作面选用 $Ra3.2\mu m$，其余加工表面一般选择 $Ra6.3 \sim 12.5\mu m$。

　　④ 材料与热处理。泵轴的材料一般采用 45 钢，加工成形后常采用调质处理，以增加材料的硬度，在技术要求中用文字说明，如：调质硬度 220~250HBW。

　　4）填写标题栏。标题栏格式可参考有关零件图，要填写清楚、完整。

　　**2. 泵体草图测绘**

　　（1）泵体的作用与结构特点　泵体是齿轮泵的主要零件，由它将轴、齿轮、压盖等零件组装在一块，起到支承包容作用，使它们具有正确的工作位置，从而达到所要求的运动关系和工作性能。

　　泵体结构比较复杂，内外都有不同形状的工作结构，如内部有两个轴线平行的轴孔，用于安装轴和压盖，内腔来装置两个啮合的齿轮，并设有进出两个油孔。泵盖的结合面上加工有六个螺纹孔和两个圆柱销孔用于定位连接。泵体下部是安装底板，加工有均布的螺栓孔，在泵体与底板的连接处有肋板结构。

（2）泵体草图画法　图 4-17 所示为泵体零件草图，其画法如下：

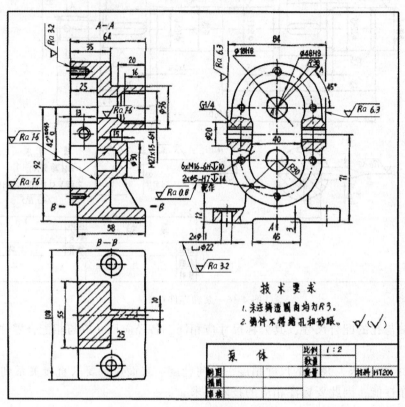

图 4-17　泵体零件草图

1）确定表达方案。由于泵体内外结构都比较复杂，因而表达方法也较复杂，通常齿轮泵泵体零件图应选择 2~3 个基本视图。主视图按照工作位置放置，选择形状特征较明显的一面作为投影方向。为表达泵体内腔及进出油孔的内部情况，常采用旋转剖视或较大范围的局部剖视表达方法，其他未表达清楚的内外结构可分别采用较小范围的局部剖视和局部视图来表达，如图 4-17 所示，底板上的螺栓孔和底板底部的凹槽及螺栓孔的分布情况均采用了局部剖视和局部视图。画草图时，零件上一些细小结构，如拔模斜度、铸造圆角、退刀槽、倒角、圆角等都要表达清楚。

泵体是铸造件，零件上常有砂眼、气孔等铸造缺陷，以及长期使用造成的磨损、碰伤、零件变形、缺损等，要正确分析形体结构，在草图中要纠正后表达清楚。

2）标注零件尺寸。首先要分析确定尺寸基准，一般情况下泵体长度方向尺寸基准应选择与泵盖的结合面作为主要基准，与压盖装配孔的端面为辅助基准；宽度尺寸方向的泵体结构一般是对称的，其主要尺寸基准应选择对称面；高度方向尺寸主要基准应选择安装底板的底面，辅助基准一般选择进出油孔的轴线。

测出零件上标准结构尺寸后，要查阅相应的国家标准选用标准值。

泵体两轴孔中心距尺寸精度要求较高，其尺寸误差直接影响齿轮传动精度和工作性能，要采用游标卡尺或千分尺测量，然后进行尺寸圆整。凡轴与孔相互配合尺寸，其基本尺寸应相同，各圆直径尺寸应与相配合零件的关联尺寸应一致。

3）标注技术要求。泵体零件上的尺寸公差、表面粗糙度、几何公差等技术要求可采用类比法参考同类型零件图或其他资料选择。

① 尺寸公差。主要尺寸应保证其精度要求，如泵体的两轴线距离、轴线至底板底面高度，有配合关系孔与轴的尺寸，如泵轴与泵体孔的配合，齿轮与泵体的配合等都要标注尺寸公差。

② 几何公差。有相对运动的配合的零件形状、位置都要标注几何公差，如为了保证两齿轮正确啮合运转，泵体上两齿轮孔的轴线相对轴的安装孔轴线应有同轴度要求，齿轮端面与泵体结合面有垂直度要求，进出油孔轴线与底板底面有平行度要求等。泵体形位公差可参阅同类型零件图选用。

③ 表面粗糙度。加工表面应标注表面粗糙度值，有相对运动的配合表面和结合表面的表面粗糙度等级要求较高，如泵轴与孔的配合表面粗糙度值一般选用 $Ra1.6 \sim 3.2\mu m$，与轴系零件配合，如齿轮、带轮表面粗糙度值可选用 $Ra3.2\mu m$，其他加工表面如螺栓孔、退刀槽、倒角圆角等的表面粗糙度可选用 $Ra6.3 \sim 12.5\mu m$，不加工的毛坯面其表面粗糙度可不作精度等级要求，但要进行标注。

④ 材料与热处理。泵体铸造零件，一般采用 HT200 材料（200 号灰铸铁），其毛坯应经过时效热处理，这些内容可在技术要求中用文字注写。

**3. 齿轮的草图测绘**

（1）齿轮的作用与结构特点　齿轮是机器和部件中广泛应用的一种标准零件，其作用是传递动力、改变转动速度和改变转动方向。齿轮按作用和外形不同有圆柱齿轮、锥齿轮、蜗轮蜗杆，因此其传动形式有三类。①圆柱齿轮用于平行两轴之间的传动；②锥齿轮用于相交两轴之间的传动；③蜗轮蜗杆用于交叉两轴之间的传动。

圆柱齿轮传动是最常用的一种传动形式，其结构主要是由轮齿、辐板（辐条）和轴孔组成。轮齿部分是标准结构，轮齿的大小和齿宽由传动力的大小来设计，轮齿数量由额定转速和传动比来选定。轴孔部分是通用结构，轴孔内常加工有键槽，其余部分是非标准结构。

（2）圆柱齿轮零件草图画法　图 4-18 所示为圆柱齿轮零件草图，其画法如下：

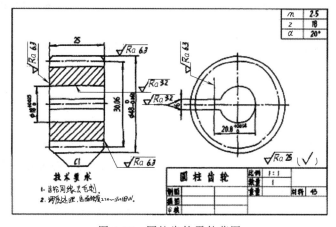

图 4-18　圆柱齿轮零件草图

1) 确定表达方案。圆柱齿轮零件草图一般采用 1~2 个基本视图表达。按齿轮的工作位置放置，选择轴向位置作为主视图投影方向，通常要采用全剖视图表达内部结构。结构复杂一些的齿轮可再选用左视图。

2) 标注零件尺寸。圆柱齿轮主要有轴向尺寸（轴的长度）和径向尺寸（齿轮直径尺寸）组成，轴向尺寸基准选择齿轮端面，径向尺寸基准选择轴线。

齿轮轮齿上的 3 个圆直径，即分度圆直径、齿顶圆直径和齿根圆直径是齿轮的重要尺寸，应标注准确。

测量齿轮时，首先要对实物进行几何要素的测量，如数出齿数 $z$、测量齿顶圆直径 $d_a$、齿根圆直径 $d_f$、齿全高 $h$ 和齿宽 $b$ 等，然后根据圆柱齿轮的计算公式计算出原设计的基本参数，如模数 $m$、分度圆直径 $d$ 等，标准压力角 $\alpha$ 一般取 20°，以达到准确恢复原齿轮的设计尺寸。齿轮其他部分结构按一般测量方法进行，齿轮轴孔测得的尺寸圆整后，再查表找到标准的基本尺寸。

由于对齿轮尺寸精度要求较高，测量时要选用比较精密的量具，其次，齿轮的许多参数都已标准化，测绘中测出的尺寸必须对照标准值选用，再则，齿轮许多尺寸与其装配在一起的其他零件尺寸都是互相关联或互相配合的，必须要标注一致。

3) 标注技术要求。齿轮加工精度要求较高，可用类比法参考同类型的零件图或查阅有关资料选择技术要求，有条件的情况下，也可用齿轮测量仪测量齿轮精度等级。

① 尺寸公差。齿轮轴孔直径的尺寸公差，根据配合性质（间隙配合）选择基本偏差，公差等级一般为 IT7~IT9 级。齿顶圆直径尺寸公差也是根据配合性质（间隙配合）选用基本偏差，公差等级一般选用 IT9~IT11 级。键槽尺寸公差可根据轴孔直径查表选用标准公差。

② 几何公差。圆柱齿轮的几何公差主要是形状与位置公差，具体项目可参考表 4-1。

表 4-1　圆柱齿轮几何公差参考项目表

| 内容 | 项目 | 对工作性能的影响 |
|---|---|---|
| 形状公差 | 齿轮轴孔的圆度 | 影响传动零件与轴配合的松紧及对中性 |
| | 齿轮轴孔的圆柱度 | |
| 位置公差 | 以齿顶圆为测量基准时，齿顶圆的径向圆跳动 | 影响齿厚测量精度，并在切齿时产生相应的齿圈径向跳动误差 |
| | 基准端面对轴线的端面圆跳动 | 影响齿轮、轴承的定位及受载的均匀性 |
| | 键槽侧面对轴心线的对称度 | 影响键侧面受载的均匀性 |

③ 表面粗糙度。齿轮加工面可用粗糙度量块测量或根据配合性质、公差等级选择表面粗糙度值，圆柱齿轮主要表面粗糙度参见表 4-2。

④ 材料与热处理。可用类比法参考同类型齿轮零件图选择材料和热处理方法，齿轮一般采用 45 钢或 ZG340~640，热处理工艺用正火处理，以提高齿轮硬度。

表 4-2　圆柱齿轮主要表面粗糙度参考表

| 加工表面 | | 精度等级 | 6 | 7 | 8 | 9 |
|---|---|---|---|---|---|---|
| 轮齿工作面 | 法向模数≤8mm | | 0.4 | 0.8 | 1.6 | 3.2 |
| | 法向模数>8mm | | 0.8 | 1.6 | 3.2 | 6.3 |
| 齿轮基准孔(轮毂孔) | | 表面粗糙度 $Ra$ 值/μm | 0.8 | 1.6 | 1.6 | 3.2 |
| 齿轮基准直径 | | | 0.4 | 0.8 | 1.6 | 1.6 |
| 与轴肩接触的端面 | | | 1.6 | 3.2 | 3.2 | 3.2 |
| 平键槽 | | | 3.2(工作面),6.3(非工作面) | | | |
| 齿顶圆 | 作为基准 | | 1.6 | 3.2 | 3.2 | 6.3 |
| | 不作为基准 | | 6.3~12.5 | | | |

## 4.3.4　齿轮泵装配图画法

### 1. 齿轮泵装配图的表达方案

图 4-19 为齿轮泵的装配图。从图中看出，齿轮泵选择三个基本视图表达，按照工作位置放置，选择轴向方向作为主视图的投影方向，因为该投影方向能够较多地反映出齿轮泵的

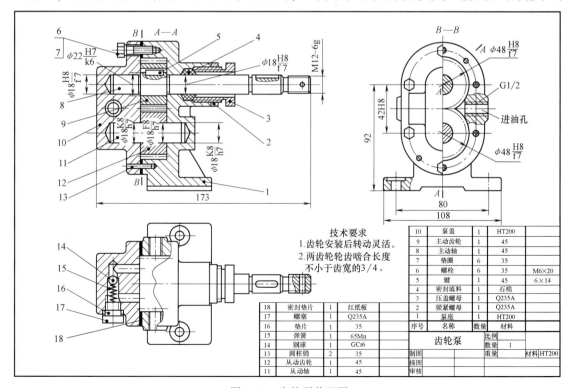

图 4-19　齿轮泵装配图

形状特征和各零件的装配位置。主视图上通过两齿轮轴线采用全剖视方法，表达齿轮泵内部各零件之间相对位置、装配关系以及螺栓、圆柱销的连接情况。左视图采用沿泵体与泵盖结合面的剖切画法，表达两齿轮的啮合情况及齿轮泵的工作原理，同时也表达出螺栓和圆柱销沿泵体四壁的分布情况，并采用局部剖视图表达泵体上进出油孔的流通情况。俯视图采用沿安全阀孔轴线剖切的局部剖视方法，表达安全阀内部各零件的装配情况和油孔通道的布置情况。

**2. 齿轮泵装配图画法步骤**

1）定比例、选图幅、布图　图形比例大小及图纸幅面大小应根据齿轮泵的总体大小、复杂程度，同时还要考虑尺寸标注、序号和明细表所占的位置综合考虑来确定。视图布置是通过画出各个视图的轴线、中心线、基准位置线来安排，如图 4-20a 所示

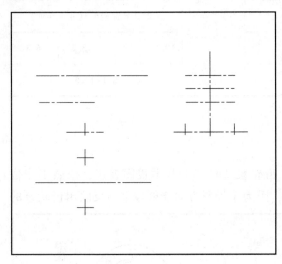

a)

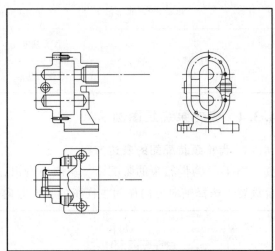

b)

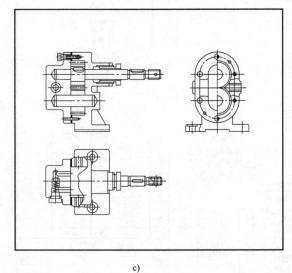

c)

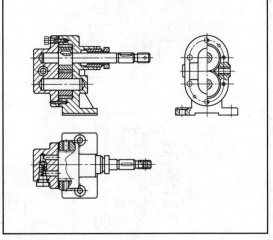

d)

图 4-20　齿轮泵装配图画法步骤

2）依次画主要零件或较大的零件轮廓线　如图 4-20b 所示，先画出泵体各视图的轮廓线。

3）按照各零件的大小、相对位置和装配关系画出其他各零件视图的轮廓及其他细部结构，如图 4-20c 所示。

4）画完视图之后，要进行检查修正，确定无误，按照图线的粗细要求和规格类型将图线描深加粗，如图 4-20d 所示。

**3. 齿轮泵装配图的尺寸标注**

齿轮泵装配图应标注以下尺寸：

（1）性能尺寸　说明装配体的性能、规格大小尺寸，如图 4-19 所示，齿轮泵装配图中进出油口管螺纹孔尺寸为 G1/2。

（2）装配尺寸

1）配合尺寸。配合尺寸是说明零件尺寸大小及配合性质的尺寸，如轴与泵体支承孔的配合尺寸为 $\Phi$18H8/f7、$\Phi$18K8/h7，齿轮与泵体孔的配合尺寸为 $\Phi$48H8/f7 等。

2）轴线的定位尺寸。如图中标注的主动轴到底板底面高度为 92。

3）两轴中心距。如图中标注的两轴中心距为 42H8。

（3）安装尺寸　将机器或部件安装到基座、机器上的安装定位尺寸，如齿轮泵底板上两个螺栓孔的中心距尺寸。

（4）外形尺寸　齿轮泵外形轮廓尺寸为外形尺寸，如总长尺寸 173，总宽尺寸 108，总高尺寸 92+R38。

（5）其他重要尺寸　是指设计或经过计算得到的尺寸，如主动轴的螺纹尺寸 M12-6g，计算得到的齿轮模数 $m$、以及一些主要零件结构尺寸。

**4. 齿轮泵装配图的技术要求**

齿轮泵装配图技术要求的注写有规定标注法和文字注写两种，如图 5-7 所示，一般应包括下列内容：

1）零件装配后应满足的配合技术要求，如主动轴、从动轴与泵盖、泵座支承孔的配合尺寸 $\Phi$18H8/f7、$\Phi$18K8/h7，齿轮与泵体孔的配合尺寸 $\Phi$48H8/f7 等，这些技术要求一般在装配图中标注。

2）装配时应保证的润滑要求、密封要求，检验、试验的条件、规范以及操作要求。

3）机器或部件的规格、性能参数，使用条件及注意事项，以上两项一般用文字说明的方法在标题栏上方写出。

## 4.3.5　齿轮泵零件工作图画法

整理完零件草图和装配图之后，用尺规或计算机绘制出来的零件图称为零件工作图，绘制零件工作图不是简单地抄画零件草图，因为零件工作图是制造零件的依据，它要求比零件草图更加准确、完善，所以针对零件草图中视图表达、尺寸标注和技术要求注写存在不合理、不完整的地方，在绘制零件工作图时要进行调整和修改。

绘制零件工作图中，要注意配合尺寸、关联尺寸及其他重要尺寸应保持一致，要反复认真检查校核直至无误，齿轮泵测绘画图工作才宣告结束。如图 4-21～图 4-24 所示为泵轴、泵体、泵盖和圆柱齿轮的零件工作图。

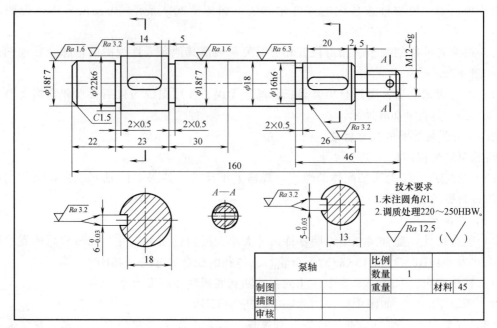

图 4-21　泵轴零件工作图

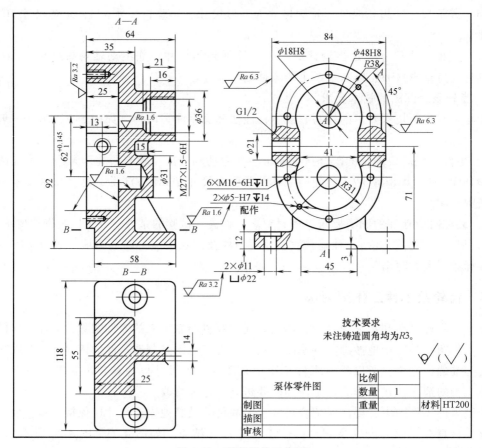

图 4-22　泵座零件工作图

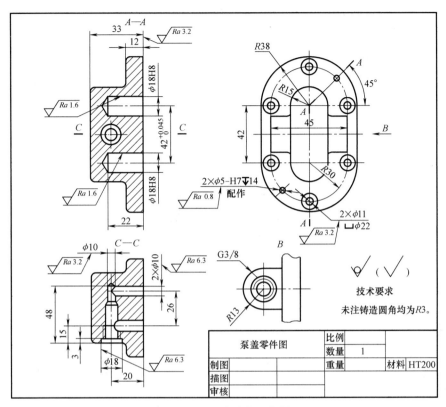

图 4-23 泵盖零件工作图

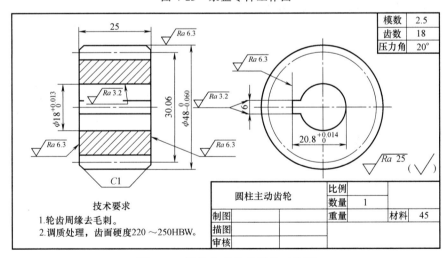

图 4-24 圆柱主动齿轮零件工作图

# 思 考 题

1. 机器测绘的目的和意义是什么?
2. 简述基本测绘工具的类型和使用方法。
3. 简述齿轮泵的拆卸步骤。

# 训练 5

<<<<<<<<

# 铸　　造

## 【训练目的和要求】

1. 了解铸造的历史地位以及发展史。
2. 了解铸造的基本概念、分类及特点。
3. 了解铸造工艺过程、特点和应用。
4. 熟悉砂型铸造工艺过程。

## 5.1　铸造的历史地位以及发展史

铸造是人类掌握比较早的一种金属热加工工艺，已有约 6000 年的历史。中国约在公元前 1700 至公元前 1000 年就掌握了青铜器铸造技术，工艺上已达到相当高的水平。中国商周时期的后母戊鼎（图 5-1）、战国时期的曾侯乙尊盘（图 5-2）、西汉中晚期的透光镜（魔镜）（图 5-3），都是古代铸造的代表产品。早期的铸件大多是农业生产、宗教、生活等方面的工具或用具，艺术色彩浓厚。中国在公元前 513 年，铸出了世界上最早见于文字记载的铸铁件——晋国铸型鼎，重约 270kg。欧洲在公元 8 世纪前后也开始生产铸铁件。铸铁件的出现，扩大了铸件的应用范围。在 15～17 世纪，德、法等国先后铺设了不少向居民供饮用水的铸铁管道。18 世纪的工业革命以后，蒸汽机、纺织机和铁路等工业的兴起，铸件进入为大工业服务的新时期，铸造技术开始有了大的发展。进入 20 世纪，铸造的发展速度很快，其重要因素之一是产品技术的进步，要求铸件各种力学物理性能更好，同时仍具有良好的机械加工性能；另一个原因是机械工业本身和其他工业如化工、仪表等的发展，给铸造业创造了有利的物质条件。检测手段的发展，保证了铸件质量的提高和稳定，并给铸造理论的发展提供了条件；电子显微镜等的发明，帮助人们深入到金属的微观世界，探查金属结晶的奥秘，研究金属凝固理论，指导铸造生产。当今，对铸造质量、铸造精度、铸造成本和铸造自动化等要求的提高，铸造技术向着精密化、大型化、高质量、自动化和清洁化的方向发展，例如我国这几年在精密铸造技术、特种铸造技术、铸造自动化和铸造成形模拟技术等方面发展迅速。

图 5-1　后母戊鼎

图 5-2　曾侯乙尊盘

图 5-3　透光镜

铸造是现代机械制造工业的基础工艺之一，因此铸造业的发展标志着一个国家的生产实力。铸造生产是机械制造业中一项重要的毛坯制造工艺过程，其质量、产量以及精度等直接影响到机械产品的质量、产量和成本。因此，铸造在机械制造业中占有重要的地位。铸造生产的现代化程度，反映了机械工业的先进程度，反映了清洁生产和节能省材的工艺水准。我国是世界铸造第一大国。随着我国铸造产业的不断发展，国内铸造产业将打造"四有"创新企业，即有创新思想、创新计划、创新的制度和体系以及创新的工作方式。而在转型升级方面，则要打造具有六大特征的新型企业：①制造前端市场研发和后端服务变大，制造环节缩小的业务模式创新的企业。②从卖商品转变到卖方案，提供完整解决方案的企业。③以智能和集成为标志的数字化企业。④3～5年翻一番的速度型企业。⑤先进科技、绿色制造、持续创新的企业。⑥打造高端产品、精品，引导消费、品牌制胜的企业。这样的产业革新，相信我国铸造业的未来将更加辉煌、美好，我们拭目以待。

## 5.2　铸造基本概念、分类及特点

### 5.2.1　基本概念

铸造是指熔炼金属，制造铸型，并将熔融金属浇入铸型，凝固后获得一定形状和性能铸件的成形方法，用铸造方法得到的金属件称为铸件。

### 5.2.2　分类

铸造的方法很多，主要有砂型铸造、金属型铸造、压力铸造、离心铸造、熔模铸造以及消失模铸造等，其中以砂型铸造应用最为广泛。砂型铸造可分为手工砂型造型和机器造型。其中手工砂型造型操作灵活，可进行整模造型、分模造型、挖砂造型及活块造型等。

### 5.2.3　特点

铸造的特点是可以铸出各种大小规格或形状复杂的铸件，成本相对低廉，材料来源广，所以铸造是机械中生产零件或毛坯的主要方法之一，主要用于各类机械零件（尤其是具有复杂外形和内腔的零件）毛坯的生产。在机器设备中，铸件所占的比重较大，如机床、内燃机等机械，铸件的重量约占机器总重量的 75% 以上。铸件的形状、尺寸与零件相近，节省了大量的金属材料和加工工时，材料的回收利用率高。尤其是精密铸造，可以直接铸出某些零件，是少无切削加工的重要发展方向。

在机械制造中，大部分机械零件是用金属材料制成的，采用铸造方法制成毛坯或零件有如下优点：

1）铸件的形状可以十分复杂，不仅可以获得十分复杂的外形，更为重要的是能获得一般机械加工设备难以加工的复杂内腔。

2）铸件的尺寸和重量不受限制，铸件尺寸大到几米、重数百吨，小到几毫米、几克。

3）铸件的生产批量不受限制，可单件小批生产，也可大批大量生产。

4）成本相对低廉，节省资源。

## 5.3　铸造工艺过程、特点和应用

### 5.3.1　砂型铸造

砂型铸造是指在砂型中生产铸件的铸造方法。钢、铁和大多数有色合金铸件都可用砂型铸造方法获得。

工艺过程包括模样和芯盒的制作、型砂和芯砂配制、造型制芯、合箱、浇注、落砂、清理及检验。

工艺特点：

1）适合制成形状复杂，特别是具有复杂内腔的毛坯。

2）适应性广、成本低。

3）对于某些塑性很差的材料，如铸铁等，砂型铸造是制造其零件或毛坯的唯一的成形工艺。

应用：汽车的发动机气缸体、气缸盖、曲轴等铸件。

### 5.3.2　金属型铸造

金属型铸造是指液态金属在重力作用下充填金属铸型并在型中冷却凝固而获得铸件的一种成形方法。工艺过程包括金属型的制作、预热、喷刷涂料、浇注、出型以及检验。

优点：

1）金属型的热导率和热容量大，冷却速度快，铸件组织致密，力学性能比砂型铸件高15%左右。

2）能获得较高尺寸精度和较低表面粗糙度值的铸件，并且质量稳定性好。

3）因不用和很少用砂芯，故可改善环境、减少粉尘和有害气体、降低劳动强度。

缺点：

1）金属型本身无透气性，必须采用一定的措施导出型腔中的空气和砂芯所产生的气体。

2）金属型无退让性，铸件凝固时容易产生裂纹。

3）金属型制造周期较长，成本较高。因此只有在大量成批生产时，才能显示出好的经济效果。

应用：金属型铸造既适用于大批量生产形状复杂的铝合金、镁合金等非铁合金铸件，也适合于生产钢铁金属的铸件、铸锭等。

### 5.3.3　压力铸造

压力铸造是利用高压将金属液高速压入一精密金属模具型腔内，金属液在压力作用下冷却凝固而形成铸件。工艺过程包括压铸模的制作和安装、预热、喷脱模剂、射压、顶出模样以及检验。

优点：

1）压铸时金属液体承受压力高，流速快。

2）产品质量好，尺寸稳定，互换性好。

3）生产效率高，压铸模使用次数多。

4）适合大批大量生产，经济效益好。

缺点：

1）铸件容易产生细小的气孔和缩松。

2）压铸件塑性低，不宜在冲击载荷及有振动的情况下工作。

3）高熔点合金压铸时，铸型寿命低，影响压铸生产的扩大。

应用：压铸件最先应用在汽车工业和仪表工业，后来逐步扩大到各个行业，如农业机械、机床工业、电子工业、国防工业、计算机、医疗器械、钟表、照相机和日用五金等多个行业。

### 5.3.4　离心铸造

离心铸造是将金属液浇入旋转的铸型中，在离心力作用下填充铸型而凝固成形的一种铸造方法。工艺过程包括离心机准备、铸型的制作和安装、预热、喷刷涂料、转速的控制、浇注以及检验。

优点：

1）几乎不存在浇注系统和冒口系统的金属消耗，可提高工艺出品率。

2）生产中空铸件时可不用型芯，故在生产长管形铸件时可大幅度改善金属充型能力。

3）铸件致密度高，气孔、夹渣等缺陷少，力学性能好。

4）便于制造筒、套类复合金属铸件。

缺点：

1）用于生产异形铸件时有一定的局限性。

2）铸件内孔直径不准确，内孔表面较粗糙，质量较差，加工余量大。

3）铸件易产生偏析。

应用：离心铸造最早用于生产铸管，国内外在冶金、矿山、交通、排灌机械、航空、国防、汽车等行业中均采用离心铸造工艺，以生产钢、铁及非铁碳合金铸件。其中尤以离心铸铁管、内燃机缸套和轴套等铸件的生产最为普遍。

### 5.3.5　熔模铸造

熔模铸造通常是指将易熔材料制成模样，在模样表面包覆若干层耐火材料制成型壳，再将模样熔化排出型壳，从而获得无分型面的铸型，经高温焙烧后即可填砂浇注的铸造方案，常称为"失蜡铸造"。

工艺流程包括压蜡（压蜡、修蜡、组树）、制壳（挂沙、挂浆、风干）、浇注（焙烧、化性分析也叫打光谱、浇注、振壳、切浇口、磨浇口）、后处理（喷砂、抛丸、修正、酸洗）及检验（蜡检、初检、中检、成品检）。

优点：

1）尺寸精度和几何精度高。

2）表面粗糙度值小。

3）能够铸造外形复杂的铸件，且铸造的合金不受限制。

缺点：工序繁杂，费用较高。

应用：适用于生产形状复杂、精度要求高或很难进行其他加工的小型零件，如涡轮发动机的叶片等。

### 5.3.6 消失模铸造

消失模铸造是将与铸件尺寸形状相似的石蜡或泡沫模型黏结组合成模型簇，刷涂耐火涂料并烘干后，埋在干石英砂中振动造型，在负压下浇注，使模型汽化，液体金属占据模型位置，凝固冷却后形成铸件的新型铸造方法。

工艺流程包括预发泡、发泡成型、浸涂料、烘干、造型、浇注、落砂、清理以及检验。

工艺特点：

1）铸件精度高，无砂芯，减少了加工时间。

2）无分型面，设计灵活，自由度高。

3）清洁生产，无污染。

4）降低投资和生产成本。

应用：适合生产结构复杂的各种大小较精密铸件，合金种类不限，生产批量不限。如灰铸铁发动机箱体、高锰钢弯管等。

## 5.4 砂型铸造工艺过程

砂型铸造是在砂型中生产铸件的铸造方法。钢、铁和大多数有色合金铸件都可用砂型铸造方法获得。

砂型铸造的工艺过程包括模样和芯盒的制作、型砂和芯砂配制、造型、制芯、合型、合金熔炼、浇注、落砂、清理及检验、铸件（图5-4）。

### 5.4.1 模样

模样是铸造生产中必要的工艺装备。制造模样常用的材料有木材、金属和塑料。在单件、小批量生产时广泛采用木质模样，在大批量生产时多采用金属或塑料模样。金属模样的使用寿命长，其次是塑料模样，而木质模样的寿命短。

为了保证铸件质量，在设计和制造模样时，必须先设计铸造工艺图，然后根据工艺图的形状和大小制造模样。在设计工艺图时，要考虑下列一些问题：

1）分型面的选择。分型面是上下砂型的分界面，选择分型面时必须使模样能从砂型中

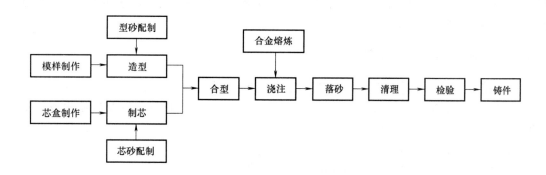

图 5-4 砂型铸造工艺过程

取出，并使造型方便和有利于保证铸件质量。

2）拔模斜度。为了易于从砂型中取出模样，凡垂直于分型面的表面，都做出 0.50° ~ 40°的拔模斜度。

3）加工余量。铸件需要加工的表面，均需留出适当的加工余量。

4）收缩量。铸件冷却时要收缩，模样的尺寸应考虑铸件收缩的影响，通常用于铸铁件的模样要加大 1%；铸钢件的要加大 1.5% ~ 2%；铝合金件的要加大 1% ~ 1.5%。

5）铸造圆角。铸件上各表面的转折处都要做成过渡性圆角，以利于造型及保证铸件质量。

## 5.4.2 型砂

砂型铸造用的造型材料主要是用于制造砂型的型砂和用于制造砂芯的芯砂。通常型砂是由原砂（山砂或河砂）、黏土和水按一定比例混合成，其中黏土约为 9%，水约为 6%，其余为原砂。有时还加入少量如煤粉、植物油、木屑等附加物以提高型砂和芯砂的性能。

型砂的质量直接影响铸件的质量，型砂质量差会使铸件产生气孔、砂眼、黏砂、夹砂等缺陷。良好的型砂应具备下列性能：

1）透气性。高温金属液浇入铸型后，型内充满大量气体，这些气体必须从铸型内顺利排出，型砂这种能让气体透过的性能称为透气性。否则将会使铸件产生气孔、浇不足等缺陷。铸型的透气性受砂的粒度、黏土含量、水分含量及砂型紧实度等因素影响。砂的粒度越细、黏土及水分含量越高、砂型紧实度越高，透气性则越差。

2）强度。型砂抵抗外力破坏的能力称为强度。型砂必须具备足够高的强度才能在造型、搬运、合箱过程中不引起塌陷，浇注时也不会破坏铸型表面。型砂的强度也不宜过高，否则会因透气性、退让性的下降，使铸件产生缺陷。

3）耐火性。高温的金属液体浇进后对铸型产生强烈的热作用，因此型砂要具有抵抗高温热作用的能力即耐火性。如造型材料的耐火性差，铸件易产生黏砂。型砂中 $SiO_2$ 含量越大，型砂颗粒越大，耐火性越好。

4）可塑性。可塑性指型砂在外力作用下变形，去除外力后能完整保持已有形状的能力。造型材料的可塑性好，则造型操作方便，制成的砂型形状准确、轮廓清晰。

5）退让性。铸件在冷凝时，体积发生收缩，型砂应具有一定的被压缩的能力，称为退让性。型砂的退让性不好，铸件易产生内应力或开裂。型砂越紧实，退让性越差。在型砂中加入木屑等物可以提高其退让性。

### 5.4.3 造型、修补工具及其用途

1）铁铲。铁铲用于拌和型砂并将其铲起送入指定地点。

2）砂春。砂春的头部，分尖头和平头两种，尖头用于春实模样周围及砂箱边或狭窄部分的型砂，平头用于春实砂型表面。

3）刮板。刮板用来刮去高出砂箱的型砂。

4）通气针。用通气针在砂型中扎出通气的孔眼。

5）起模针。起模针用于起出砂型中的模样。

6）压勺。压勺用来修理砂型的较小平面以及开设较小的浇道等。

7）秋叶。秋叶一般用于修凹曲面。

8）镘刀。镘刀用于修理砂型的较大平面和挖沟槽。

9）砂勾。砂勾用于修深的底部或侧面和勾出砂型中的散砂。

10）手风吹。手风吹用于吹去砂型上散落的砂粒和灰尘。

### 5.4.4 浇注系统

#### 1. 浇注系统的组成

浇注系统包括外浇道、直浇道、横浇道和内浇道等（图5-5）。

（1）外浇道　外浇道的作用是容纳注入的金属液并缓解液态金属对砂型的冲击。小型铸件通常为漏斗状（称浇口杯），较大型铸件为盆状（称浇口盆）。

（2）直浇道　直浇道是连接外浇口与横浇道的垂直通道，改变直浇道的高度可以改变金属液的流动速度，从而改善液态金属的充型能力。

（3）横浇道　横浇道是将直浇道的金属液引入内浇道的水平通道，一般开在砂型的分型面上。其主要作用是分配金属液入内浇道和隔渣。

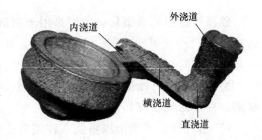

图5-5　浇注系统

（4）内浇道　内浇道直接与型腔相连，能调节金属液流入型腔的速度，调节铸件各部分的冷却速度。

#### 2. 典型浇注系统

浇注系统的类型很多，按照内浇道在铸件上开设位置分类，有顶注式、底注式和侧注式等。最常用的为顶注式，下面简要介绍顶注式浇注系统。

顶注式浇注系统的优点是易于充满型腔，型腔中金属温度自下而上递增，因而补缩作用好、简单易做、节省金属，但对铸型冲击较大，有可能造成冲砂、飞溅和加剧金属氧化。所以该浇注系统多用于重量小、高度低和形状简单的铸件。

#### 3. 冒口

浇入铸型的金属液在冷凝过程中要产生体积收缩，在其最后凝固的部分会形成缩孔。冒

口是浇注系统中储存金属液的"水库",它能根据需要补充型腔中金属液的收缩,消除铸件上可能出现的缩孔,使缩孔转移到冒口中去。冒口应设在铸件厚壁处、最高处或最后凝固部位。有些冒口有集渣作用,敞露在铸型顶部的冒口还有排气和观察浇注情况的作用。

### 5.4.5 砂型铸造过程

#### 1. 整模造型

当零件的最大截面在端部时,可选它作为分型面,将模样做成整体,采用整模两箱造型。整模造型的型腔全在一个砂箱里,能避免错箱等缺陷,铸件形状、尺寸精度较高,模样制造和造型都较简单,多用于最大截面在端部、形状简单铸件的生产。

其步骤如下:

1)造下砂型。将模样安放在底板上的砂箱内,加型砂后用捣紧,用刮板刮平。

2)造上砂型。翻转下砂型,按要求放好上砂箱、横浇口、直浇口棒,撒分型砂后加型砂造上砂型。

3)扎通气孔。取出浇道棒,开外浇口并按要求扎通气孔。

4)开箱起模与合型。打开上砂型,起出模样,修型后合型。

#### 2. 分模造型

当铸件不适宜采用整模造型时,如套筒类、管子类等,通常以最大截面为分型面,把模样分成两半,采用分模两箱造型。分模两箱造型方法简单、应用较广。分模造型时,要注意模样定位和砂箱定位。若定位不准,易产生错箱,则会影响铸件精度;铸件沿分型面还会产生披缝,影响铸件表面质量。

其步骤如下:

1)造下砂型。将下半模样安放在底板上的砂箱内,加型砂后用砂冲捣紧,用刮板刮平。

2)造上砂型。翻转下砂型,在下半模样定位上放好上半模样,按要求放好上砂箱、横浇口、直浇口棒,撒分型砂后加型砂造上砂型。

3)扎通气孔。取出浇口棒,开外浇口并按要求扎通气孔。

4)开箱起模与合型。打开上砂型,分别起出模样,修型后合型。

#### 3. 挖砂造型

有些铸件最大截面不在一端,按其结构形状,需要采用分模造型,但从模样对强度和刚度的要求来考虑,又不允许将模样分开而应做成整体模,在造型时将妨碍起模部分的型砂挖掉,这种造型方法称为挖砂造型。挖砂造型的生产效率低,对工人的技术要求高,只适宜单件、小批量生产。

其步骤如下:

1)造下砂型。将模样安放在底板上的砂箱内,加型砂后用砂冲捣紧,用刮板刮平。

2)造上砂型。翻转下砂型,修挖分型面,按要求放好上砂箱、横浇口、直浇口棒,撒分型砂后加型砂造上砂型。

3)扎通气孔。取出浇口棒,开外浇口并按要求扎通气孔。

4)开箱起模与合型。打开上砂型,起出模样,修型后合型。

#### 4. 活块造型

有些铸件侧面有较小的凸起部分,在制作模样时需将凸块拆活,且用燕尾槽或活动销连接在模样上，起模后再将活块取出，这种造型方法称为活块造型。活块造型的优点是可以减少分型面数目和不必要的挖砂工作；缺点是操作复杂，生产效率低，常因活块错动而影响尺寸的精度。

其步骤如下：

1）造下砂型。将模样安放在底板上的砂箱内，加型砂后用砂冲捣紧，若活块采用活动销钉连接，应在凸块四周春实后立即拔出销钉（否则模样无法取出），加型砂再捣紧，用刮板刮平。

2）造上砂型。翻转下砂型，按要求放好上砂箱、横浇口、直浇口棒，撒分型砂后加型砂造上砂型。

3）扎通气孔。取出浇口棒，开外浇口并按要求扎通气孔。

4）开箱起模与合型。打开上砂型，取出模样主体，再取出活块，修型后合型。

## 5.4.6　熔炼金属、浇注及检验

将熔炼好且符合一定化学成分的金属液浇入铸型，冷凝后，落砂清理，获得铸件。

在实际生产中，常需对铸件缺陷进行检验分析，其目的是找出产生缺陷的原因，以便采取措施加以防止。对于铸件设计人员，了解铸件缺陷及产生原因，有助于正确地设计铸件结构，并结合铸造生产时的实际条件，恰如其分地拟定技术要求。分析铸件缺陷及其产生原因是很复杂的，有时可见到在同一个铸件上出现多种不同原因引起的缺陷，或同一原因在生产条件不同时会引起多种缺陷。铸件的缺陷很多，常见的铸件缺陷名称（图 5-6）、特征及产生的主要原因如下：

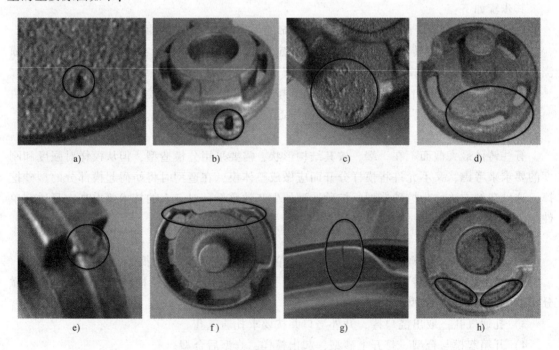

图 5-6　常见的铸件缺陷名称

a）气孔　b）缩孔　c）砂眼　d）粘砂　e）冷隔　f）浇不足　g）裂缝　h）披缝

1）气孔。在铸件内部或表面有大小不等光滑孔洞。产生原因有型砂含水过多，透气性差；起模和修型时刷水过多；砂芯烘干不良或砂芯通气孔堵塞；浇注温度过低或浇注速度太快等。

2）缩孔。缩孔多分布在铸件厚断面处，形状不规则，孔内粗糙。产生原因有铸件结构不合理，如壁厚相差过大，造成局部金属积聚；浇注系统和冒口的位置不对，或冒口过小；浇注温度太高，或金属化学成分不合格，收缩过大。

3）砂眼。在铸件内部或表面有充塞砂粒的孔眼。产生原因有型砂和芯砂的强度不够；砂型和砂芯的紧实度不够；合箱时铸型局部损坏；浇注系统不合理，冲坏了铸型。

4）粘砂。铸件表面粗糙，粘有砂粒。产生原因有型砂和芯砂的耐火性不够，浇注温度太高；未刷涂料或涂料太薄。

5）冷隔。铸件上有未完全融合的缝隙或洼坑，其交接处是圆滑的。产生原因有浇注温度太低；浇注速度太慢或浇注过程曾有中断；浇注系统位置开设不当或浇道太小。

6）浇不足。即铸件不完整。产生原因有浇注时金属量不够；浇注时液体金属从分型面流出；铸件太薄；浇注温度太低；浇注速度太慢。

7）裂缝。铸件开裂，开裂处金属表面氧化。产生原因有铸件结构不合理，壁厚相差太大；砂型和砂芯的退让性差；落砂过早。

8）披缝。铸件表面上有厚薄不均匀的片状金属突起物，常出现在铸件分型面和芯头部位。产生原因有上、下分型面或铸型芯座与砂芯芯头之间的装配间隙过大，浇注时造成液态金属钻入缝隙中。

具有缺陷的铸件是否定为废品，必须按铸件的用途和要求以及缺陷产生的部位和严重程度决定。一般情况下，铸件有轻微缺陷，可以直接使用；铸件有中等缺陷，可允许修补后使用；铸件有严重缺陷，则只能报废。

# 思　考　题

1. 铸造的基本概念是什么？
2. 铸造的种类有哪些？
3. 砂型铸造的工艺过程包括哪些？
4. 良好的型砂应具备哪些性能？
5. 砂型铸造的浇注系统包括哪几个部分？其作用分别是什么？
6. 砂型铸造常见的铸件缺陷有哪些？产生的原因是什么？

# 焊接成形

## 【训练目的和要求】

1. 掌握焊条电弧焊的使用方法和技巧。
2. 掌握气焊工艺要领。
3. 掌握气割工艺要领。
4. 了解常见的焊接缺陷及其产生原因。

焊接是指通过加热、加压，或者两者并用，并且使用或者不使用填充材料，使焊件达到原子结合的一种加工方法。

按照焊接过程中金属材料所处的状态不同，目前把焊接方法分为熔焊、压焊和钎焊三类。

1）熔焊。熔焊是指焊接过程中，将连接处的金属在高温等的作用下至熔化状态而完成的焊接方法。常用的熔焊方法有电弧焊、气焊、电渣焊等。

2）压焊。压焊是指在加热或不加热状态下对组合焊件施加一定压力，使其产生塑性变形或熔化，并通过再结晶和扩散等作用，使两个分离表面的原子形成金属键而连接的焊接方法。常用的压焊方法有电阻焊（对焊、点焊、缝焊）、摩擦焊、旋转电弧焊和超声波焊等。

3）钎焊。钎焊是硬钎焊和软钎焊的总称，是指低于焊件熔点的钎料和焊件同时加热到钎料熔化温度后，利用液态钎料填充固态工件的缝隙使金属连接的焊接方法。常用的钎焊方法有火焰钎焊、感应钎焊、炉中钎焊、盐浴钎焊和真空钎焊等。

## 6.1 焊条电弧焊

焊条电弧焊是用手工操纵焊条进行焊接的电弧焊方法。焊条电弧焊设备简单，操作灵活方便，适合各种条件下的焊接。但要求操作者技术水平较高，生产率低，劳动条件差。主要用于单件小批量生产中低碳钢、低合金结构钢、不锈钢的焊接和铸铁的补焊等。

### 6.1.1 焊接电弧

焊接电弧是在电极与工件之间的气体中，产生持久、强烈的自持放电现象。

焊接电弧分三个区域,即阴极区、阳极区和弧柱区(图6-1)。阴极区:热量约占电弧总热量的38%,温度约为2100℃。阳极区:热量约占电弧总热量的42%,温度约为2300℃。弧柱区:热量约占电弧总热量的20%,弧柱中心温度可达5700℃以上。

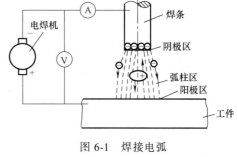

图6-1 焊接电弧

## 6.1.2 焊条电弧焊设备

(1)直流弧焊机 直流弧焊机输出端有正、负极之分,焊接时电弧两端极性不变。弧焊机正、负两极与焊条、焊件有两种不同的接线法(图6-2),即正接法和反接法。

1)正接法。焊件接电源正极,焊条接负极,如图6-2a所示。正接时,工件上热量较大,可保证有较大的熔深,用于厚件焊接。

2)反接法。焊件接电源负极,用于薄板和有色金属焊接,如图6-2b所示。

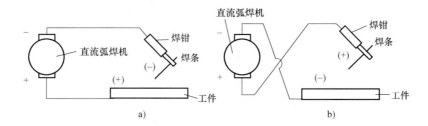

图6-2 直流电源时的正接与反接

a)正接法 b)反接法

(2)交流弧焊机 交流弧焊机是一种特殊的降压变压器,它具有结构简单、噪声小、价格便宜、使用可靠、维护方便等优点,缺点是电弧不够稳定。

## 6.1.3 焊条

焊条是涂有药皮的供焊条电弧焊用的熔化电极。

(1)焊条的组成 焊条电弧焊的焊条由焊芯和药皮两部分组成(图6-3)。

1)焊芯。焊芯是焊条中被药皮包覆的金属芯,它起导电和填充金属的作用。焊芯通常采用焊接专用钢丝。常用的焊芯直径为2.5~6.0mm,长度为350~450mm。

2)药皮。药皮是压涂在焊芯表面的涂料层。其主要作用是提高电弧燃烧的稳定性、

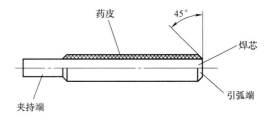

图6-3 焊条的组成

保护焊接熔池、保证焊缝脱氧、去除进入溶池的硫磷杂质、为焊缝补充有益的合金元素。

(2)焊条的分类、型号与牌号

1)焊条的分类。焊条按用途可分为九类,即结构钢焊条、耐热钢焊条、不锈钢焊条、

堆焊焊条、铸铁焊条、镍及镍合金焊条、铜及铜合金焊条、铝及铝合金焊条和特殊用途焊条等。

按焊条药皮熔化后的特性分两类：

① 酸性焊条。焊缝冲击韧度差，合金元素烧损多，电弧稳定，易脱渣，金属飞溅少。适合于焊接低碳钢和不重要的结构件。

② 碱性焊条。合金化效果好，抗裂性能好，直流反接，电弧稳定性差，飞溅大，脱渣性差。主要用于焊接重要的结构件，如压力容器等。

2）焊条的型号与牌号。GB/T 5117—2012 规定了碳钢焊条型号编制方法。举例如下：

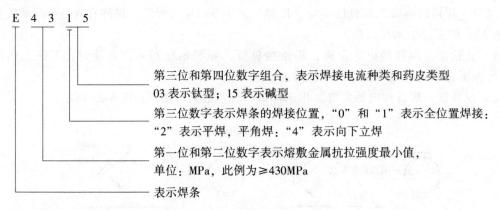

焊条牌号是焊条行业统一的焊条代号，举例如下：

各种焊条牌号都是由相应的拼音字母（或汉字）和其后的三位数字组成。拼音字母（或汉字）表示焊条类别；其后的前两位数字表示焊缝金属抗拉强度的最低值；第三位数字表示药皮类型和电源种类。常用的焊条型号和牌号对照可查资料手册。

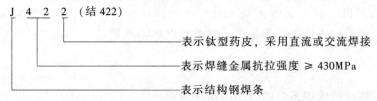

3）焊条的选用。选用焊条应在保证焊接质量的前提下，尽量提高劳动生产率和降低产品成本，应考虑以下因素：

① 对于低、中碳钢和普通低合金钢的焊接。一般应按母材的强度等级选择相应强度等级的焊条。对于耐热钢和不锈钢的焊接，应选用与工件化学成分相同或相近的焊条。如母材含杂质较高时，宜选用抗裂性好的碱性焊条。

② 若工件承受交变载荷或冲击载荷，宜采用碱性焊条。若焊件在腐蚀性介质下工作，宜选用不锈钢焊条。

③ 工件结构复杂、刚度大时，选用碱性焊条。焊接部位无法清理干净时，宜选用酸性焊条。对于仰、立位置焊接，应选用全位置焊接的焊条。

④ 在酸性焊条和碱性焊条都能满足要求情况下，应尽量选用酸性焊条。为提高焊缝质量，宜选用碱性焊条。

## 6.1.4　焊条电弧焊工艺

（1）接头形式　焊条电弧焊常见的接头形式有对接接头、角接接头、T形接头和搭接接头，如图6-4所示。

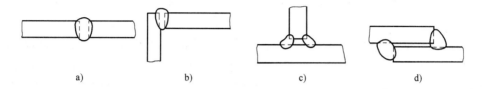

图 6-4　接头的形式

a）对接接头　b）角接接头　c）T形接头　d）搭接接头

（2）坡口形式　焊条电弧焊常用的坡口形式、尺寸及焊缝形式见表6-1。坡口形式根据接头形式、焊件厚度及结构等按规定选用。

表 6-1　焊条电弧焊常用坡口形式、尺寸及焊缝形式

| $\delta$/mm | 名称 | 坡口形式、尺寸/mm | 焊缝形式 |
|---|---|---|---|
| 1~3 | I形坡口 | 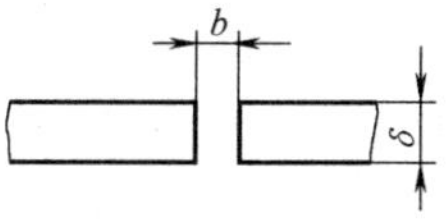 $b=0\sim2.5$ | 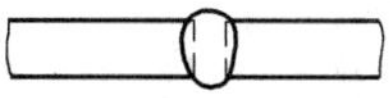 $b=0\sim1.5$ |
| 3~6 | | | 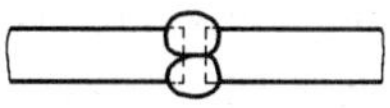 $b=0\sim2.5$ |
| 3~26 | Y形坡口 | 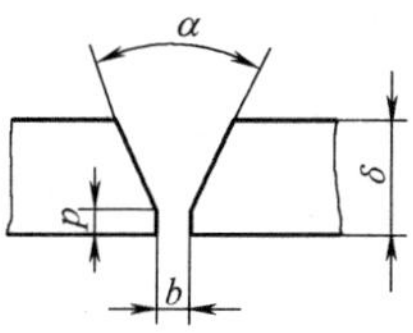 $\alpha=40°\sim60°$　$b=0\sim3$　$p=1\sim4$ | |
| | I形坡口 | 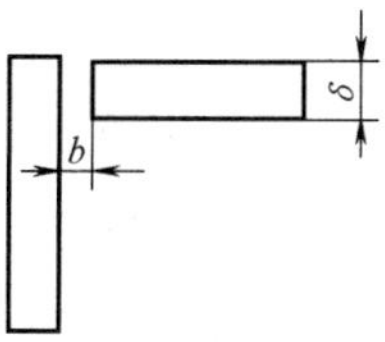 $b=0\sim2$ | 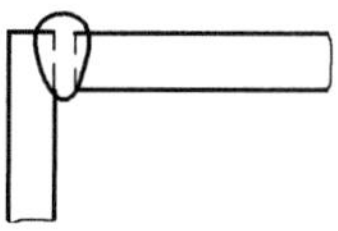 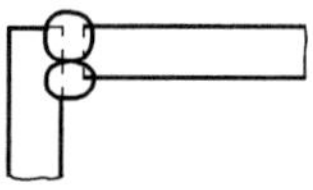 |

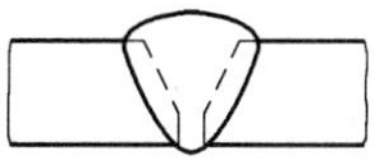

（3）焊缝的空间位置　按焊缝的空间位置不同分为平焊、立焊、横焊和仰焊四种。

（4）焊接规范的选择

1）焊条直径。焊条直径由工件厚度、焊缝位置和焊接层数等因素确定。选用较大直径的焊条，能提高生产率。但如用过大直径的焊条，会造成未焊透和焊缝成形不良。

2）焊接电流。焊接电流主要由焊条直径和焊缝位置确定。

$$I = Kd$$

式中，$I$ 为焊接电流，单位为 A；$d$ 为焊条直径，单位为 mm；$K$ 为经验系数，一般取 25~60。

平焊时 $K$ 取较大值；立、横、仰焊时取较小值。使用碱性焊条时焊接电流要比使用酸性焊条略小。增大焊接电流能提高生产率，但电流过大，易造成焊缝咬边和烧穿等缺陷；焊接电流过小，会使生产率降低，并易造成夹渣、未焊透等缺陷。

3）焊接速度。焊条电弧焊的焊接速度是指焊接过程中焊条沿焊接方向移动的速度，焊接速度过快会造成焊缝变窄，严重凹凸不平，容易产生咬边及焊缝波形变尖；焊接速度过慢会使焊缝变宽，余高增加，功效降低。焊接速度还直接决定着热输入量的大小，一般根据钢材的淬硬倾向以及保证焊缝尺寸符合设计图样要求为准。

## 6.1.5　焊条电弧焊基本操作技术

### 1. 引弧

（1）划擦法　划擦法是先将焊条对准焊件，再将焊条像划火柴似的在焊件表面轻轻划擦，引燃电弧，然后迅速将焊条提起 2~4mm，并使之稳定燃烧。

（2）敲击法　敲击法是将焊条末端对准焊件，然后手腕下弯，使焊条轻微碰一下焊件，再迅速将焊条提起 2~4mm，引燃电弧后手腕放平，使电弧保持稳定燃烧。这种引弧方法不会使焊件表面划伤，又不受焊件表面大小、形状的限制，所以是生产中主要采用的引弧方法。但操作不易掌握，需提高熟练程度。

### 2. 运条

运条是焊接过程中最重要的环节，它直接影响焊缝的外表成形和内在质量。电弧引燃后，一般情况下焊条有三个基本运动：朝熔池方向逐渐送进、沿焊接方向逐渐移动和横向摆动。常用的运条方法有直线往复运条法、锯齿形运条法、月牙形运条法、三角形运条法、圆圈形运条法和倒 8 字运条法等，如图 6-5 所示。

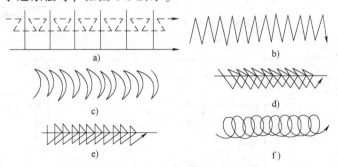

图 6-5　常用的运条方法

a）直线往复运条法　b）锯齿形运条法　c）月牙形运条法
d）斜三角形运条法　e）正三角形运条法　f）圆圈形运条法

### 3. 焊缝收尾

焊缝收尾时，为了不出现尾坑，焊条应停止向前移动，而采用划圈收尾法或反复断弧法自下而上慢慢拉断电弧，以保证焊缝尾部良好成形。

（1）划圈收尾法　焊条移至焊道的终点时，利用手腕的动作做圆圈运动，直到填满弧坑再拉断电弧。该方法适用于厚板焊接，用于薄板焊接会有烧穿危险。

（2）反复断弧法　焊条移至焊道终点时，在弧坑处反复熄弧、引弧数次，直到填满弧坑。该方法适用于薄板及大电流焊接，但不适用于碱性焊条，否则会产生气孔。

## 6.2 气焊与气割

气焊是利用气体火焰作热源的焊接法，常用的是氧乙炔焊。

### 6.2.1 气焊设备

#### 1. 气焊设备与工具

常用的气焊设备与工具，如图6-6所示。有焊炬、减压阀、氧气瓶（瓶身为天蓝色、黑字）、乙炔瓶（瓶身为白色、红字）。

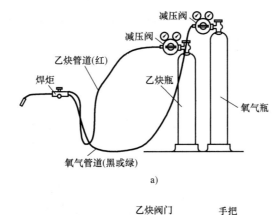

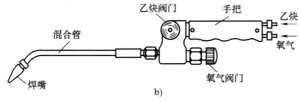

图 6-6　气焊设备与工具
a）气焊设备与工具系统组成　b）焊炬

#### 2. 氧乙炔焰的分类 （图6-7）

1）氧化焰（图6-7a）。氧和乙炔混合（容积）比例为：$V_{O_2}/V_{C_2H_2}>1.2$。火焰中有过量氧，在尖形焰心外面形成一个有氧化性的富氧区。使用较少，轻微的氧化焰适用于焊接黄铜和青铜、锰钢及镀锌铁皮。

2）中性焰（图6-7b）。氧和乙炔混合（容积）比例为：$V_{O_2}/V_{C_2H_2}=1.1\sim1.2$。在一次

燃烧区内既无过量氧又无游离碳，应用最广，适用于焊接一般碳钢和有色金属。

3）碳化焰（还原焰）（图 6-7c）。氧和乙炔混合（容积）比例为：$V_{O_2}/V_{C_2H_2} < 1.1$。火焰中有游离碳，具有较强的还原作用，也有一定的渗碳作用。

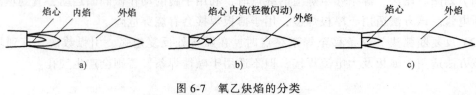

图 6-7 氧乙炔焰的分类

a）氧化焰　b）中性焰　c）碳化焰

## 6.2.2 气焊工艺与操作要领

（1）点火、调节火焰与灭火　点火时，先微开氧气阀门，再打开乙炔阀门，随后点燃火焰，这时的火焰是碳化焰。然后，逐渐开大氧气阀门，将碳化焰调整成中性焰。同时，按需要把火焰大小也调整合适。灭火时，应先关乙炔阀门，后关氧气阀门。

（2）堆平焊波　气焊时，一般用左手拿焊丝，右手拿焊炬，两手的动作要协调，沿焊缝向左或向右焊接。焊嘴轴线的投影应与焊缝重合，同时要注意掌握好焊嘴与焊件的夹角，正常焊接时，一般保持在 30°~50°。焊炬向前移动的速度应能保证焊件熔化并保持熔池具有一定的大小。焊件熔化形成熔池后，再将焊丝适量点入熔池内熔化。

## 6.2.3 气割

### 1. 气割原理

气割是利用可燃气体与氧气混合燃烧的火焰热能将工件切割处预热到一定温度后，喷出高速切割氧流，使金属剧烈氧化并放出热量，利用切割氧流把熔化状态的金属氧化物吹掉，而实现切割的方法。金属的气割过程实质上是铁在纯氧中的燃烧过程，而不是熔化过程。

### 2. 气割要求

气割过程是预热→燃烧→吹渣过程，但并不是所有的金属都能满足这个过程的要求，只有符合下列条件的金属才能进行气割：

1）金属在氧气中的燃烧点应低于其熔点。

2）气割时金属氧化物的熔点应低于金属的熔点。

3）金属在切割氧流中的燃烧应是放热反应。

4）金属的导热性不应太高。

5）金属中阻碍气割过程和提高钢可淬性的杂质要少。

符合上述条件的金属有纯铁、低碳钢、中碳钢和低合金钢等。其他常用的金属材料，如铸铁、不锈钢、铝和铜等，则必须采用特殊的气割方法（例如等离子切割等）。

# 6.3 其他焊接方法

还有许多其他的焊接方法，如气体保护焊、埋弧焊、电渣焊和电阻焊等。

## 6.3.1　手工钨极氩弧焊

手工钨极氩弧焊是一种使用氩气作为保护气体的电弧焊接方法。

氩弧焊时，氩气在电弧周围形成保护气层，使熔融金属、钨极端头和焊丝不与空气接触。氩气是一种惰性气体，既不与金属起化学反应，也不溶解于液体金属，因而焊件中的合金元素不易被烧损，焊缝也不易产生气孔。

氩弧焊按所用的电极不同，分为钨极氩弧焊（图6-8a）和熔化极氩弧焊（图6-8b）两种，有手工、半自动和自动三种操作方法，目前应用最广泛的是手工钨极氩弧焊。

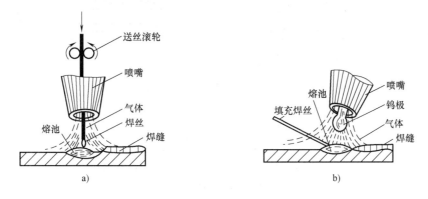

图6-8　氩弧焊示意图

a）钨极氩弧焊　b）熔化极氩弧焊

## 6.3.2　电阻焊

电阻焊是将被焊工件压紧于两电极之间，并施以电流，利用电流流经工件接触面及邻近区域产生的电阻热效应将其加热到熔化或塑性状态，使之形成金属结合的一种方法。

电阻焊方法主要有四种，即电阻点焊、电阻缝焊、电阻对焊、闪光对焊（图6-9）。

### 1. 电阻点焊

电阻点焊是将焊件装配成搭接接头，并压紧在两柱状电极之间，利用电阻热熔化母材金属，形成焊点的电阻焊方法，电阻点焊主要用于薄板焊接。

电阻点焊的工艺过程：

1）预压，保证工件接触良好。

2）通电，使焊接处形成熔核及塑性环。

3）断电锻压，使熔核在压力继续作用下冷却结晶，形成组织致密、无缩孔、无裂纹的焊点。

### 2. 电阻缝焊

电阻缝焊的过程与电阻点焊相似，只是以旋转的圆盘状滚轮电极代替柱状电极，将焊件装配成搭接或对接接头，并置于两滚轮电极之间，滚轮加压焊件并转动，连续或断续送电，形成一条连续焊缝的电阻焊方法。

电阻缝焊主要用于焊接焊缝较为规则、要求密封的结构，板厚一般在3mm以下。

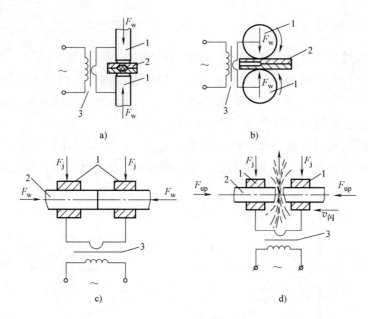

图 6-9　电阻焊示意图

a）电阻点焊　b）电阻缝焊　c）电阻对焊　d）闪光对焊

1—电极　2—工件　3—电源

### 3. 电阻对焊

电阻对焊是将焊件装配成对接接头，使其端面紧密接触，利用电阻热加热至塑性状态，然后断电并迅速施加顶锻力完成焊接的方法，电阻对焊主要用于截面简单、直径或边长小于 20mm 和强度要求不太高的焊件。

### 4. 闪光对焊

闪光对焊是将焊件装配成对接接头，接通电源，使其端面逐渐移近达到局部接触，利用电阻热加热这些接触点，在大电流作用下产生闪光，使端面金属熔化，直至端部在一定深度范围内达到预定温度时，断电并迅速施加顶锻力完成焊接的方法。

闪光对焊的接头质量比电阻焊好，焊缝力学性能与母材相当，而且焊前不需要清理接头的预焊表面。闪光对焊常用于重要焊件的焊接。可焊同种金属，也可焊异种金属；可焊直径为 0.01mm 的金属丝，也可焊大的金属棒和型材。

# 6.4　焊接缺陷

常见焊接缺陷有：

### 1. 气孔

焊接时，熔池中的气泡在凝固时未能逸出残留下来而形成的空穴称为气孔。

产生气孔的原因有：焊丝、焊件表面的油、污、锈、垢及氧化膜没有清除干净；熔剂受潮或质量不好；焊缝填充不均；焊接速度过快，火焰过早离开熔池。

### 2. 未焊透

焊接时接头根部未能完全熔透的现象称为未焊透。

产生未焊透的原因较多，如焊接接头在气焊前未经清理干净；坡口角度过小、接头间隙太小；焊接电流太小、焊接速度过快。

### 3. 夹渣

焊后残留在焊缝中的熔渣称为夹渣。

产生夹渣的原因有：焊丝选用不当，焊层和焊道间的熔渣未清除干净；熔池金属冷却过快。

### 4. 裂纹

在焊接应力及其他致脆因素共同作用下，焊接接头中局部地区的金属原子结合力遭到破坏而形成的新界面，由此导致的缝隙称为焊接裂纹。

焊接裂纹产生的原因有：焊接材料和焊接工艺选择不当；焊缝过于集中，焊缝金属冷却速度太快等。

### 5. 烧穿

在气焊过程中，熔化金属自坡口背面流出，形成穿孔的缺陷称为烧穿。

产生烧穿的原因主要有：接头处间隙过大或钝边太薄；火焰能量过大；焊接速度太慢，焊接火焰在某一处停留时间过长。

# 思　考　题

1. 焊接电弧是一种什么现象？
2. 电弧中各区的温度有多高？
3. 直流焊接和交流焊接的效果一样吗？
4. 焊接药皮起什么作用？
5. 在其他焊接方法中，用什么取代药皮的作用？
6. 电阻点焊对工件厚度有什么要求？
7. 焊接接头有哪些形式？
8. 接头坡口有哪些形式？
9. 焊条是怎样分类的？

# 铣 削 加 工

## 【训练目的和要求】

1. 了解铣削加工基本内容。
2. 了解铣床种类、铣刀种类和常用铣床夹具、工具。
3. 掌握正确的铣床操作方法和日常维护保养。

## 7.1 铣削加工基本知识

### 7.1.1 铣削加工的概念

凡是从坯件上切去一定深度的金属层，使其形状、精度和表面粗糙度都合乎要求的加工，统称为金属切削加工。铣削是切削加工中最常用的方法之一，铣削是以铣刀旋转作主运动，工件或铣刀作进给运动的切削加工方法。铣削过程中的进给运动可以是直线运动，也可以是曲线运动。因此，铣削的加工范围比较广，生产效率和加工精度也较高。铣床加工基本内容如图 7-1 所示。

### 7.1.2 常用铣床的种类

由于铣床的工作范围非常广，铣床的类型也很多，下面介绍几种常用的铣床。

#### 1. 升降台式铣床

升降台式铣床的主要特征是有沿床身垂直导轨运动的升降台，工作台可随着升降台作上下运动，工作台本身在升降台上又可作纵向和横向运动。升降台铣床使用方便，适宜于加工中小型零件。因此，升降台式铣床是应用最为广泛的铣床，这类铣床按主轴位置可分为卧式和立式两种。

（1）卧式铣床 卧式铣床如图 7-2 所示，其主要特征是铣床主轴轴线与工作台面平行。因主轴呈横卧位置，所以称为卧式铣床。铣刀安装在与主轴相连接的刀杆上，随主轴作旋转运动进行切削，被切削工件装夹在工作台面上，对铣刀作相对进给运动，从而完成切削过程。卧式铣床加工范围很广，可以加工沟槽、平面、成形面和螺旋槽等。

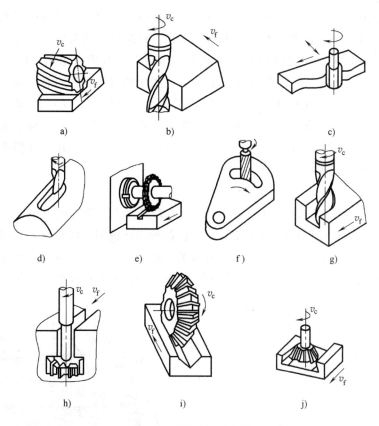

图 7-1　铣床的加工内容

a）铣平面　b）铣侧面　c）铣曲面　d）铣键槽　e）铣直角槽　f）铣圆弧

g）铣沟槽　h）铣 T 形槽　i）铣 V 型槽　j）铣燕尾槽

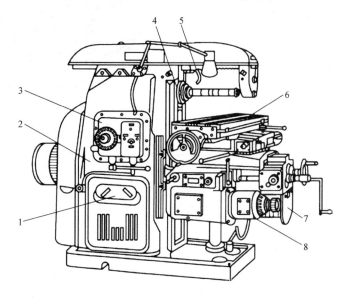

图 7-2　卧式铣床外形及各系统名称

1—机床电器部分　2—床身部分　3—变速操纵部分　4—主轴及传动部分

5—冷却部分　6—工作台部分　7—升降台部分　8—进给变速部分

（2）立式铣床　立式铣床如图 7-3 所示。立式铣床的主要特征是铣床主轴轴线与工作台台面垂直。因主轴呈竖立位置，所以称为立式铣床。铣削时，铣刀安装在与主轴相连接的刀轴上，绕主轴作旋转运动，被切削工件装夹在工作台上，对铣刀作相对运动，完成切削过程。立式铣床加工范围很广，通常在立铣上可以应用面铣刀、立铣刀和成形铣刀等，铣削各种沟槽和表面；另外，利用机床附件，如回转工作台、分度头，还可以加工圆弧、曲线外形、齿轮、螺旋槽、离合器等较复杂的零件。当生产批量较大时，在立铣上采用硬质合金刀具进行高速铣削，可以大大提高生产效率。立式铣床与卧式铣床相比，在操作方面还具有观察清楚、检查调整方便等特点。

**2. 万能铣床**

万能铣床具有万用性能的特点，图 7-4 所示为升降台式万能铣床，该铣床也是卧式铣床的一种。机床的主轴锥孔可直接或通过附件安装各种圆柱铣刀、成形铣刀、端面铣刀、角度铣刀等刀具，能进行以铣削为主的多种切削加工，适用于加工各种零部件的平面、斜面、沟槽和孔等，是机械制造、模具、仪器、仪表、汽车、摩托车等行业的理想加工设备。

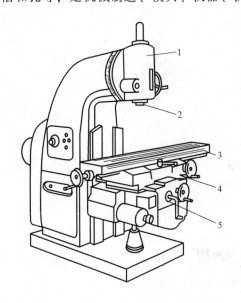 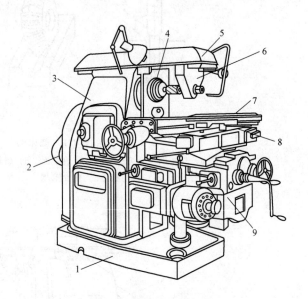

图 7-3　立式铣床
1—立铣头　2—主轴　3—工作台
4—床鞍　5—升降台

图 7-4　升降台式万能铣床
1—底座　2—主传电动机　3—床身　4—主轴
5—悬梁　6—悬梁支架　7—纵向工作台
8—横向工作台　9—升降台

**3. 龙门铣床**

龙门铣床属于大型铣床，是无升降台铣床的一种。铣削动力头安装在龙门导轨上，可作横向和升降运动；工作台安装在固定床身上，仅作纵向移动。根据铣削动力头的数量，龙门铣床有单轴、双轴和四轴等多种形式。图 7-5 所示为一台四轴龙门铣床。铣削时，若同时安装四把铣刀，可铣削工件的几个表面，工作效率高，适宜加工大型箱体类工件表面、沟槽等，如机床床身表面。

### 7.1.3 常用铣刀的种类

铣刀是铣床上的主要切削工具，种类很多，其分类方法也有很多，现介绍几种常用的分类方法和常用的铣刀种类。

**1. 按刀齿形状分类**

（1）尖齿铣刀 尖齿铣刀一般是直线形齿背，为了加大容屑面积和增加刀齿强度，还可以将直线形齿背做成折线形齿背、抛物线形齿背和台阶形齿背。尖齿铣刀的齿形是用铣刀直接铣成的。它具有制造容易，并且被加工工件表面粗糙度值低的优点，因此被广泛应用。

（2）铲齿铣刀 铲齿铣刀是阿基米德螺旋线形齿背，其齿背是用铲齿车床铲制出来的。铲齿铣刀用于铣削一定形状的成形表面，所以又称为成形铣刀。

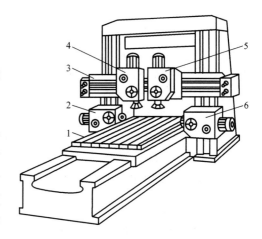

图 7-5 龙门铣床
1—工作台 2、6—水平铣头
3—横梁 4、5—垂直铣头

**2. 按铣刀切削部分的材料分类**

（1）高速钢铣刀 分整体铣刀和镶齿铣刀两种，一般形状较复杂的铣刀均为整体铣刀。

（2）硬质合金铣刀 这类铣刀大都不是整体的，将硬质合金刀片以焊接或机械夹固的方式镶装在铣刀刀体上，如硬质合金立铣刀、三面刃铣刀等。

**3. 按铣刀的结构分类**

（1）整体铣刀 整体铣刀是指铣刀的切削部分、装夹部分及刀体成一整体。这类铣刀可用高速钢整料制成；也可用高速钢制造切削部分，用结构钢制造刀体部分再焊接成一整体，直径不大的立铣刀、三面刃铣刀、锯片铣刀都采用这种结构。整体式铣刀制造比较简便，但是大型的铣刀一般不做成这种的，因为比较浪费材料。

（2）镶齿铣刀 镶齿铣刀的刀体材料是普通钢材，刀齿材料是高速钢。刀体和刀齿利用尖齿形槽镶嵌在一起。用镶齿法制造铣刀可以节省工具钢材料，同时一旦有刀齿用坏，还可以拆下来重新换一个好的，不必牺牲整个铣刀。大型的铣刀多半采用镶齿法，如直径较大的三面刃铣刀和套式面铣刀。但是小尺寸的铣刀因为空间有限，不能采用镶齿的方法制造。

（3）焊接式铣刀 焊接铣刀刀齿用硬质合金或其他耐磨刀具材料制成，并钎焊在刀体上。

（4）可转位铣刀 这类铣刀是用机械夹固的方式把硬质合金刀片或其他刀具材料安装在刀体上，因而保持了刀片的原有性能。切削刃磨损后，可将刀片转过一个位置继续使用。这种刀具节省材料和刃磨时间，提高了生产效率。

**4. 按铣刀的形状和用途分类**

为了适应各种不同的铣削内容，设计和制造了各种不同形状的铣刀，它们的形状与用途有密切的联系。

（1）加工平面用铣刀 加工平面用铣刀主要有两种：面铣刀和圆柱铣刀。加工较小的平面，也可用立铣刀和三面刃铣刀。

（2）加工直角沟槽用铣刀　直角沟槽是铣加工的基本内容之一，铣削直角沟槽时，常用的有三面刃铣刀、立铣刀，还有形状如薄片的切口铣刀。键槽是直角沟槽的特殊形式，加工键槽用的铣刀有键槽铣刀和盘形槽铣刀。

（3）加工各种特形沟槽用铣刀　很多特形沟槽可用铣削加工完成，如 T 形槽、V 形槽、燕尾槽等，所用的铣刀有 T 形槽铣刀、角度铣刀、燕尾铣刀等。

（4）加工各种成形面用铣刀　加工成形面的铣刀一般是专门设计制造而成，常用标准化成形铣刀有凹凸圆弧铣刀、齿轮盘铣刀和指状齿轮铣刀等。

（5）切断加工用铣刀　常用的切断加工铣刀是锯片铣刀，前面所述的薄片状切口铣刀也可用作切断。

### 7.1.4　常用夹具、工具的种类

#### 1. 铣床夹具

根据夹具应用范围不同可分为通用夹具和专用夹具。铣削所用的通用夹具，主要有机用虎钳、回转工作台和分度头等。它们一般无需调整或稍加调整就可以用于装夹不同工件。专用夹具是专为某一工件的某一工序而专门设计的，使用时既方便又准确，生产效率高。

（1）机用虎钳　在用机用虎钳装夹不同形状的工件时，可设计几种特殊钳口，只要更换不同形式的钳口，即可适应各种形状的工件，以扩大机用虎钳的使用范围。

（2）回转工作台　回转工作台简称转台，又称圆转台，其主要功能是加工圆弧曲线外形和沟槽、平面螺旋槽（面）以及分度。回转工作台有好几种，常用的是立轴式手动回转工作台和机动回转工作台，又称机动手动两用回转工作台。

（3）分度头　在铣床上铣削六角、八角等正多边形柱体，以及均等分布或互成一定夹角的沟槽和齿槽时，一般都利用分度头进行分度，其中万能分度头使用最普遍。万能分度头除能将工件作任意的圆周分度外，还可作直线移距分度；可把工件轴线装置成水平、垂直或倾斜的位置；通过交换齿轮，可使分度头主轴随工作台的进给运动作连续旋转，以加工螺旋面。

#### 2. 常用工具

（1）活扳手　活扳手是用于扳紧六角、四方形螺钉和螺母的工具，其规格是根据扳手长度（mm）和扳口张开尺寸（mm）来表示的，如 300×36 等。使用时，应根据六角对边尺寸，选用合适的活扳手。

（2）双头扳手　双头扳手的扳口尺寸是固定的，不能调节。使用时根据螺母、螺钉六角对边尺寸选用相对应的扳手，卡住后扳紧。

（3）内六角扳手　内六角扳手用于紧固内六角螺钉，其规格以内六角对边尺寸表示，常用的有 3mm、4mm、5mm、6mm、8mm、10mm、12mm 和 14mm 等。使用时选用相应的内六角扳手，手握扳手长的一端，将扳手短的一端插入内六角孔中，用力将螺钉旋紧或松开。

（4）可逆式棘轮扳手　可逆式棘轮扳手由四方传动六角套筒、扳体和方棒组成。当六角螺钉埋在孔中无法使用活扳手时，则采用这种扳手。扳手有顺逆两个方向，只要将扳体反转 180° 后插入六角套筒，即可改变扳紧或扳松的方向。其规格以六角对边尺寸表示，有 10mm、12mm、14mm、17mm、19mm、22mm 和 24mm 等。使用时，选用与六角对边相适应

的六角套筒与扳体配合使用。

（5）柱销钩形扳手　柱销钩形扳手用于紧固带槽或带孔的圆螺母，其规格以所紧固螺母直径表示。使用时，根据螺母直径选用，如螺母直径为 $\phi100mm$，选用 $100\sim110mm$ 的柱销钩形扳手，然后手握扳手柄部，将扳手的柱销勾入螺母的槽中或孔中，扳手的内圆卡在螺母外圆上，用力将螺母扳紧或旋松。

（6）一字槽和十字槽螺钉旋具　主要用于旋紧带槽螺钉，在使用时，根据螺钉头部槽形，选用一字槽或十字槽旋具旋紧螺钉。

（7）划线盘　划线盘有普通划线盘和调节式划线盘，普通划线盘一般用于在工件上划线；调节式划线盘用于找正工件。

（8）锉刀　锉刀中常用的是扁锉（平锉），其规格根据锉刀的长度而定，有 150mm、200mm 和 250mm 等，又分粗齿、中齿和细齿三种。铣工一般使用 200mm 中齿扁锉修去工件毛刺。

（9）平行垫块　平行垫块装夹工件时用于支承工件。

## 7.1.5　铣工安全操作规程与文明生产

### 1. 安全操作规程

1）上下课时有秩序地进出生产车间。

2）上课前穿好工作服、工作鞋，女生戴好工作帽，辫子盘在工作帽内，不准穿背心、拖鞋、凉鞋和裙子进入车间。

3）不可戴手套操作；高速铣削或刃磨刀具时应戴防护镜。

4）操作前对机床各滑动部分注润滑油，检查机床各手柄是否放在规定位置，检查各进给方向自动停止销铁是否紧固在最大行程内。

5）不得在机床运转时变换主轴转速和进给量。

6）在自动进给工作状态下不准靠近刀具触摸工件，自动进给完毕后，应先停止进给，再停止铣刀。

7）要用专用工具清除切屑，不准用嘴吹或用手直接碰触清理。

8）装卸工件、更换铣刀、清理机床时必须停机，并防止被铣刀切削刃割伤。

9）工作时需专注掌握机床运行状态，禁止擅自离开机床，离开机床时一定要关闭电源。

10）工作台面和各导轨面上不能直接放工具或量具。

### 2. 文明生产

1）机床应按时保养，保持机床整齐清洁。操作人员应根据机床说明书的要求，定期加油和调换润滑油。对液压泵和注油孔等部位，按要求加注润滑油。

2）操作者对周围场地应保持整洁，地上无油污、积水、积油。

3）操作时，工具与量具应分类整齐地安放在工具架上，不要随便乱放在工作台上或与切屑等混在一起。

4）高速铣削或冲注切削液时，应加放挡板，以防切屑飞出及切削液外溢。

5）加工完毕后，应把工件放置整齐，轻拿轻放，以免碰伤工件表面。

## 7.2 铣削用量

### 7.2.1 铣削用量基本知识

铣削是利用铣刀旋转、工件相对铣刀作进给运动来进行切削的。铣削过程中的运动分为主运动和进给运动。主运动促使刀具和工件之间产生相对运动，从而使刀具前刀面接近工件。进给运动使刀具与工件之间产生附加的相对运动，加上主运动，即可不断地或连续地切除切屑，并得到所需几何特性的已加工表面。在铣削过程中，所选用的切削用量，称为铣削用量。铣削用量包括背吃刀量 $a_p$、铣削速度 $v_c$ 和进给量 $f$。

（1）背吃刀量　背吃刀量为垂直于进给速度方向的切削层最大尺寸，符号为 $a_p$，单位为 mm。

（2）铣削速度　选定的切削刃相对于工件主运动的瞬时速度。铣削速度用符号 $v_c$ 表示，单位为 m/min。在实际工作中，应先选好合适的铣削速度，然后再根据铣刀直径计算出转速，它们的相互关系如下：

$$n = \frac{1000v_c}{\pi d} \tag{7-1}$$

式中，$v_c$ 为铣削速度（m/min）；$d$ 为铣刀直径（mm）；$n$ 为铣刀转速（r/min）。

（3）进给量　刀具在进给运动方向上相对工件的位移量，可用刀具或工件每转或每行程的位移量来表述和度量，符号为 $f$，单位为 mm。进给量的表示方法有三种：

1）每齿进给量。多齿刀具每转或每行程中每齿相对工件在进给运动方向上的位移量，用符号 $\lambda$ 表示，单位为 mm/z，每齿进给量是选择铣削进给速度的依据。

2）每转进给量。铣刀每转一周，工件相对铣刀所移动的距离称为每转进给量，用符号 $f$ 表示，单位为 mm/r。

3）每分钟进给量。在 1min 内，工件相对铣刀所移动的距离称为进给速度，用符号 $v_f$ 表示，单位为 mm/min，进给速度是调整机床进给速度的依据。

这三种进给量之间的关系为

$$v_f = f_z z n \tag{7-2}$$

式中，$z$ 为铣刀齿数；$n$ 为铣刀转速（r/min）。

### 7.2.2 铣削用量的选择方法

在粗加工时，一般应尽可能发挥刀具、机床的潜力和保证合理的刀具寿命；精加工时，则首先要保证加工精度和表面粗糙度，同时兼顾合理的刀具寿命。

#### 1. 选择铣削用量的顺序

在铣削过程中，如果能在一定的时间内切除较多的金属，就需要有较高的生产率。显然，增大背吃刀量、铣削速度和进给量，都能增加金属切除量。但是，影响刀具寿命最显著的因素是铣削速度，其次是进给量，而背吃刀量的影响最小。所以，为了保证必要的刀具寿命，应当优先采用较大的背吃刀量，其次是选择较大的进给量，最后才是根据刀具寿命要求，选择适宜的铣削速度。

### 2. 选择铣削用量

（1）背吃刀量的选择 在铣削加工中，一般是根据工件切削层的尺寸来选择铣刀。例如，用面铣刀铣削平面时，铣刀直径一般应大于工件切削层宽度。若用圆柱铣刀铣削平面时，铣刀长度一般应大于工件切削层宽度。当加工余量不大时，应尽量一次进给铣去全部加工余量。只有当工件的加工精度要求较高时，才分粗铣、精铣。铣削背吃刀量的选取可参考表7-1。

表 7-1 铣削背吃刀量的选取 （单位：mm）

| 工件材料 | 高速钢铣刀 | | 硬质合金铣刀 | |
|---|---|---|---|---|
| | 粗铣 | 精铣 | 粗铣 | 精铣 |
| 铸铁 | 5~7 | 0.5~1 | 10~18 | 1~2 |
| 软钢 | <5 | 0.5~1 | <12 | 1~2 |
| 中硬钢 | <4 | 0.5~1 | <7 | 1~2 |
| 硬钢 | <3 | 0.5~1 | <4 | 1~2 |

（2）每齿进给量的选择 铣削时进给量的大小受多方面因素的影响。粗铣时，为了提高生产效率，进给量可选大些。精铣时，为了提高表面质量，应适当减少进给量。粗加工时，限制进给量提高的主要因素是切削力，进给量主要根据铣床进给机构的强度、刀杆刚度、刀齿强度以及机床、夹具、工件系统的刚度来确定。在强度、刚度许可的条件下，进给量应尽量选取得大些。精加工时，限制进给量提高的主要因素是表面粗糙度值。为了减少工艺系统的振动，减小已加工表面的残留面积高度，一般选取较小的进给量。每齿进给量的选取可参考表7-2。

表 7-2 每齿进给量的选取 （单位：mm/z）

| 刀具名词 | 高速钢铣刀 | | 硬质合金铣刀 | |
|---|---|---|---|---|
| | 铸铁 | 钢件 | 铸铁 | 钢件 |
| 圆柱铣刀 | 0.12~0.20 | 0.10~0.15 | 0.2~0.5 | 0.08~0.20 |
| 立铣刀 | 0.08~0.15 | 0.03~0.06 | 0.2~0.5 | 0.08~0.20 |
| 端面铣刀 | 0.15~0.20 | 0.06~0.10 | 0.2~0.5 | 0.08~0.20 |
| 三面刃铣刀 | 0.15~0.25 | 0.06~0.08 | 0.2~0.5 | 0.08~0.20 |

（3）铣削速度的选择 在吃刀量和每齿进给量确定后，可在保证合理刀具寿命的前提下确定铣削速度。粗铣时，确定铣削速度必须考虑到铣床的许用功率。如果超过铣床的许用功率，则应适当降低铣削速度。精铣时，一方面应考虑合理的铣削速度，以抑制积屑瘤产生，提高表面质量；另一方面，由于刀尖磨损往往会影响加工精度，因此应选用耐磨性较好的刀具材料，并应尽可能使之在最佳铣削速度范围内工作。

一般选择原则是：粗铣时选较低速度，半精铣时选中等速度，精铣时选较高速度。如果铣刀的刀齿特别尖细（如螺纹铣刀），则要选择较高的铣削速度，少考虑铣刀的耐用时间，否则工件表面质量将受到很大影响。对于承受大摩擦力的铣刀（如铲齿成形铣刀），为保护铣刀，应该选用低的铣削速度。使用顺铣时，可选较高的铣削速度。铣削速度可在表7-3推荐的范围内选取，并根据实际情况在试切后加以调整。

表 7-3　铣削速度的选取　　　　　　　　（单位：m/min）

| 工件材料 | 铣削速度 | | 说明 |
|---|---|---|---|
| | 高速钢铣刀 | 硬质合金铣刀 | |
| 20 | 20~45 | 150~190 | 粗铣时取小值，精铣时取大值 工件材料强度和硬度较高时取小值，反之取大值 刀具材料耐热性好时取大值，反之取小值 |
| 45 | 20~35 | 120~150 | |
| 40Cr | 15~25 | 60~90 | |
| HT150 | 14~22 | 70~100 | |
| 黄铜 | 30~60 | 120~200 | |
| 铝合金 | 112~300 | 400~600 | |
| 不锈钢 | 16~25 | 50~100 | |

## 7.3　实训内容

### 7.3.1　在立式铣床上加工平板状矩形工件

重点：掌握矩形工件（图7-6）铣削步骤。

难点：矩形工件装夹与加工精度的控制。

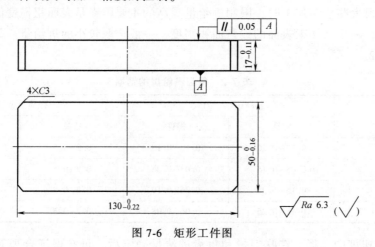

图 7-6　矩形工件图

**1．工艺分析和毛坯分析**

（1）分析图样

1）认真分析零件图，分析零件的结构形状。

2）明确零件各部位的尺寸、精度和表面粗糙度要求。

3）了解零件的名称、数量、材料及用途。

（2）毛坯的选择

1）工艺分析。根据所加工工件的精度及表面粗糙度要求，选用粗铣、精铣两道工序完成平面的铣削。

2）毛坯选择。由图样可知，所要加工工件外形为长方体，尺寸为长 $130_{-0.22}^{0}$ mm、宽 $50_{-0.16}^{0}$ mm，高 $17_{-0.11}^{0}$ mm。为保证加工精度要求，各切削面必须留有合理的加工余量。其毛坯尺寸可选为长 134mm、宽 54mm 和高 21mm。

**2. 加工工艺编制与机床和刀具、夹具、量具的选择**

矩形工件加工工艺过程参见表 7-4。

表 7-4　矩形工件加工工艺过程

| 工序 | 加工内容 | 机床 | 刀具 | 夹具 | 量具 |
|---|---|---|---|---|---|
| 1 | 粗铣工件 6 面，每面留 0.5mm 精加工余量，粗铣至尺寸长 131mm、宽 51mm、高 18mm，周边去毛刺 | X5032 | 60 端面铣刀 | 非回转式机用虎钳（规格 200） | 游标卡尺 |
| 2 | 精铣 6 面达到图样尺寸，周边去毛刺 | | | | |
| 3 | 检验：按图样要求检验各部位的尺寸、几何公差及表面粗糙度等 | 游标卡尺、直角尺、万能角度尺 | | | |

**3. 矩形工件铣削步骤**

（1）加工准备

1）安装机用虎钳。将机用虎钳安装在工作台中间 T 形槽内，用 T 形螺栓将直角铁安装在工作台面上，安装时注意底面与工作台面之间的清洁度。

2）装夹工件。由于该工件的尺寸较小，精度要求较高，选用机用虎钳装夹工件。将工件的基准面与固定钳口相贴合，机用虎钳的导轨面上垫平行垫铁，若钳口直接与毛坯接触，必须在两钳口与工件面之间垫上铜皮，然后夹紧工件。

3）安装铣刀。

4）选择铣削用量。按工件材料（45 钢）和铣刀的规格选择、计算和调整铣削用量。

（2）铣削过程

1）粗铣工件。主要步骤如下：

① 铣削 A 面，如图 7-7a 所示。工件以 B 面为粗基准面，并靠向垫有铜皮的固定钳口，在机用虎钳导轨面上垫上平行垫铁，在活动钳口处放置圆棒后夹紧工件。选择合理的主轴转速和进给量，操纵机床各手柄，使工件处于铣刀下方，开启主轴，升降台带动工件缓缓升高，使铣刀刚好切削到工件后停止上升，移出工件。工作台垂向升高 1mm，操纵纵向工作台，铣出 A 面。

② 铣削 B 面，如图 7-7b 所示。工件以 A 面为精基准面，将 A 面与固定钳口贴紧，在机用虎钳导轨面上垫上适当高度的平行垫铁，在活动钳口处放置圆棒夹紧工件。开启主轴，当铣刀切削到工件后，移出工件，工作台垂向升高 1mm，铣出 B 面，并在垂向刻度盘上做好标记。卸下工件，采用常规方法，使用宽座角尺检验 B 面对 A 面的垂直度。检验时观看 A 面与长边测量面的缝隙是否均匀，或用塞尺检验垂直度的误差值，若测得 A 面与 B 面的夹角小于 90°时，则应在固定钳口的侧下方垫上铜皮或纸片。若测得 A 面与 B 面的夹角大于 90°，则应在固定钳口的侧上方垫上铜皮或纸片。所垫纸片或铜皮的厚度应根据垂直度误差而定，然后工作台垂向少量升高后再进行铣削，直至垂直度达到要求。

③ 铣削 C 面，如图 7-7c 所示。工件以 A 面为基准面，贴靠在固定钳口上，在机用虎钳导轨面上垫上平行垫铁，使 B 面紧靠平行垫铁，在活动钳口放置圆棒后夹紧粗铣 C 面。

④ 铣削 D 面，如图 7-7d 所示。以工件 B 面为基准面，与固定钳口贴紧，A 面与导轨面上的平行垫铁贴合后夹紧工件，使铣刀接触到工件表面后退出，垂向工作台升高 2mm 后，粗铣 D 面。

⑤ 铣削 E 面，如图 7-7e 所示。工件以 A 面为基准面，贴靠在固定钳口上，轻轻夹紧工件，将宽座角尺的短边基面与导轨面贴合，使长边与工件 B 面贴合，夹紧工件。开启主轴，使铣刀接触到工件表面后退出工件，垂向工作台升高 1mm，粗铣 E 面。

⑥ 铣削 F 面，如图 7-7f 所示。工件以 A 面为基准面，贴靠在固定钳口上，使 E 面与机用虎钳导轨面上的平行垫铁贴合，夹紧工件。将宽座角尺的短边基面与导轨面贴合，使长边与工件 B 面贴合，夹紧工件，用铜锤轻轻敲击，使之与平行垫铁贴紧。重新调整垂向工作台，使铣刀接触工件表面后退出工件，垂向工作台升高 1mm 后，铣出 F 面。

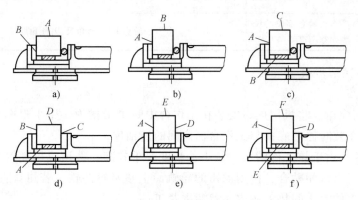

图 7-7　矩形工件铣削装夹示意

2）预检、精铣各面

① 预检的内容主要是粗铣后各对应面的平行度、各相邻面的垂直度以及尺寸余量。

② 用游标卡尺或千分尺测量尺寸 130mm、50mm 和 17mm 的实际余量，每面留 0.5mm 精加工余量。

③ 按粗铣步骤依次精铣平面 1、2、4、5、6、3。对应面第一面的切削层深度约为 0.3mm，第二面铣削时以尺寸公差为依据，确定铣削余量。在预检中注意选择与大平面垂直度较好的侧面为基准，才能保证 1、3 平面的尺寸精度和平行度要求。然后按 2、4、5、6 的顺序精铣达到图样尺寸要求。

（3）铣削质量要点分析

1）平面度超差的主要原因是立铣头与工作台面不垂直。

2）平行度较差的原因可能是工件装夹时定位面未与平行垫块紧贴、圆柱铣刀有锥度、平行垫块精度差、机用虎钳安装时底面与工作台面之间有脏物或毛刺等。

3）平行面之间尺寸超差的原因可能是铣削过程中预检尺寸误差大、工作台垂向上升的背吃刀量数据计算或操作错误、量具的精度差、测量值读错等。

4）垂直度较差的原因可能是立铣头轴线与工作台面不垂直、机用虎钳安装精度差、钳口铁安装精度差或形状精度差、工件装夹时没有使用圆棒、工件基准面与定钳口之间有毛刺或脏物、衬垫铜片或纸片的厚度与位置不正确、机用虎钳夹紧时固定钳口外倾等。

5）造成表面粗糙度超差的原因可能是铣削位置调整不当、采用了不对称顺铣、铣刀刀片型号选择不对、铣刀刀片安装精度差、铣床进给有爬行、铣床主轴轴向间隙在高速运转中影响表面粗糙度值、工件装夹不够稳固引起铣削振动等。

## 7.3.2　铣削键槽

### 1．工艺分析和毛坯选择

（1）图样分析

1）认真分析零件图（图7-8），搞清零件的结构形状。

2）明确零件各加工部位的尺寸、精度和表面粗糙度要求。

3）了解零件的名称、数量、材料及用途。

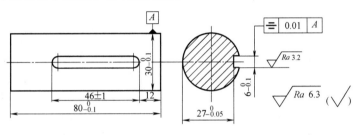

图7-8　键槽

（2）工艺分析及毛坯的选择

1）工艺分析

① 键槽属于封闭槽，由于待加工键槽精度要求较高，且加工数量少，因此应选择键槽铣刀加工，且铣刀直径与键槽宽度一致。

② 铣削前应在工件上划出键槽长度相对轴端的位置线。

③ 因键槽铣刀刚性较差，故采用分层铣削，以免铣削时受力过大损坏刀具。

④ 铣削时，键槽两端留0.5~1mm的精加工余量，最后铣到尺寸，以保证精度要求。

2）毛坯的选择。根据图样要求，毛坯选择经过车削加工的棒料，毛坯直径$30_{-0.1}^{0}$mm，长80mm。

### 2．编制键槽加工工艺

键槽的加工工艺过程见表7-5。

表7-5　键槽加工工艺过程

| 工序 | 加工内容 | 机床 | 刀具 | 夹具 | 量具 |
|---|---|---|---|---|---|
| 1 | 测量待加工工件尺寸，符合图样要求 | | | | 游标卡尺 |
| 2 | 划线，以端面为基准划出55mm和100mm键槽长度参考线 | | | | 高度游标卡尺 |
| 3 | 试铣废料，工件加工前经过试切，以保证键槽宽度符合要求 | X5032 | φ6键槽铣刀 | 轴用虎钳 | 游标卡尺 |
| 4 | 铣削键槽 | | | | |
| 5 | 检验 | 游标卡尺、杠杆百分表、千分尺 | | | |

**3. 键槽铣削步骤**

（1）加工准备

1）检验工件外径和长度实际尺寸。

2）安装轴用虎钳。将虎钳定位 V 形向上安装在工作台上，用指示表、标准棒检测 V 形块与纵向的平行度。

3）在工件表面划线，在工件圆柱面上划出键槽两端铣刀轴向位置参考线。

4）装夹和找正工件。工件装夹在 V 形钳口中，用指示表复核工件上素线与工作台面平行。

5）安装铣刀。

6）选择铣削用量。按工件材料（45 钢）表面粗糙度要求和键槽铣刀的直径尺寸选择和调整铣削用量，现调整主轴转速 $n=950\text{r}/\min$（$v=20\text{m}/\min$）；进给量 $v_{\text{r}}=47.5\text{mm}/\min$。

（2）铣削过程

1）对刀

① 垂向槽深对刀时，调整工作台，使铣刀处于铣削位置上方。开动机床，使铣刀端面刃齿恰好擦到工件外圆最高点，在垂向刻度盘上做记号，作为槽深尺寸调整起点刻度。

② 横向对中对刀时，先锁紧工作台纵向，垂向上升适当尺寸（通过目测切痕大小确定），往复横向移动工作台，在工件表面铣削出略大于铣刀宽度的矩形刀痕，目测使铣刀处于切痕中间，垂向再微量升高，使铣刀铣出圆形对刀浅痕，停车后目测浅痕与矩形刀痕两边的距离是否相等，若有偏差，则再横向调整工作台。调整结束后，注意锁紧工作台横向。

③ 纵向槽长对刀时，垂向退刀，用游标卡尺测量工件端面与切痕侧面的实际尺寸，若测得尺寸为 25.5mm，向工件大端纵向移动（25.5-12）mm＝13.5mm，此时铣刀处于键槽起点位置，应在此处做好刻度记号，目测铣刀刀尖的回转圆弧应与工件表面的槽长划线相切。反向调整工作台纵向位置，使铣刀刀尖的回转圆弧与另一划线相切，在纵向刻度盘上做好铣削终点的刻度记号。

2）铣削键槽并预检

① 铣削时，纵向移动工作台，将铣刀处于键槽起始位置上方，锁紧纵向，垂向手动进给使铣刀缓缓切入工件。采用分层切削法，铣刀每刀切深 0.5~1mm，键槽两端留有余量 0.5mm，达到深度约 2.8mm，完成后停机，垂向下降工作台。

② 用千分尺测量键槽深度，若键槽的宽度大于测砧直径，可直接用千分尺测量。若键槽宽度小于测砧直径，可将小于键宽的平行键块塞入键槽内，然后用千分尺测量，测得的尺寸应减去键块的厚度。预检后，按图样要求根据预检尺寸进行修正。

（3）封闭键槽的检验与质量要点分析

1）键槽宽度尺寸应在 6.00~6.05mm 范围内。槽深即槽底至工件外圆的尺寸应为 26.95~27.00mm。测量对称度时，指示表的示值误差应在 0.10mm 范围内。长度尺寸应为 46±1mm。表面粗糙度检验时注意本例槽侧面由周铣法铣成，槽底面由端铣法铣成。

2）铣削封闭键槽的质量分析要点

① 键槽宽度尺寸超差的主要原因可能是铣刀直径尺寸测量误差、铣刀安装后径向圆跳动过大、铣刀端部周刃刃磨质量差或早期磨损等。

② 键槽对称度超差的原因可能是目测切痕对刀误差过大、铣削时因进给量较大产生让

刀、铣削时工作台横向未锁紧等。

③ 键槽端部出现较大圆弧的原因可能是铣刀转速过低、垂向手动进给速度过快、铣刀端齿中心部位刃磨质量不好使端面齿切削受阻等。

④ 键槽深度超差的原因可能是铣刀夹持不牢固铣削时被拉下、垂向调整尺寸计算或操作失误。

# 思　考　题

1. 简述铣削加工的概念。
2. 常用铣床有哪些？各有什么特点？
3. 结合自身实训谈铣削加工的心得体会。

# 训练 8

# 刨 削 加 工

## 【训练目的和要求】

1. 了解刨削加工的内容。
2. 了解刨体的种类、刨刀种类及常用夹具。
3. 掌握正确的操作方法和日常维护保养。

## 8.1　概述

刨削是刨刀相对工件的往复直线运动与工作台的间歇进给运动来实现切削加工的，刨削加工的设备就是刨床，主要用来加工平面（水平面、垂直面、斜面）、槽（直槽、T 形槽、V 形槽、燕尾槽）及一些成形面。

刨削加工的特点是：

1）适应性好。刨削刀具简单，加工调整灵活方便。

2）生产率低。刨削时通常只有一把刀具切削，返回行程又不工作，切削速度又较低，所以刨削的生产率较低。但对于加工狭而长的表面，生产率较高。

3）刨削加工的精度一般为 IT9～IT8，表面粗糙度 $Ra$ 值为 6.3～1.6μm。

## 8.2　牛头刨床

牛头刨床是刨削类机床中应用较广的一种。多用于单件小批量生产的中小型细长零件的加工。牛头刨床的主传动路线为：电动机→变速机构→摆杆机构→滑枕往复运动。牛头刨床的进给传动路线为：电动机→变速机构→棘轮进给机构→工作台横向进给运动。

图 8-1 所示为 B6065 型牛头刨床外形图，其型号意义如下：

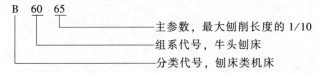

牛头刨床的主要组成部分及作用如下：

1）床身。床身 5 用于支承和连接刨床的各部件，其顶面导轨供滑枕 6 作往复运动，侧面导轨供横梁 1 和工作台 8 升降。床身内部装有传动机构。

2）滑枕。滑枕 6 用于带动刨刀作直线往复运动（即主运动），其前端装有刀架 7。

3）刀架。如图 8-2 所示，刀架用以夹持刨刀，并可作垂直或斜向进给。扳转刀架手柄 9 时，滑板 7 即可沿刻度转盘 6 上的导轨带动刨刀作垂直进给运动。滑板需斜向进给时，松开刻度转盘 6 上的螺母，将刻度转盘扳转所需角度即可。滑板 7 上装有可偏转的刀座 1，刀座中的抬刀板 2 可绕轴 5 向上转动。刨刀安装在刀夹 3 上。返回行程时，刨刀绕轴 5 自由上抬，可减少刀具后刀面与工件的摩擦。

4）工作台。图 8-1 中工作台 8 用于安装工件，可随横梁上下调整，并可沿横梁导轨横向移动或横向间歇进给。

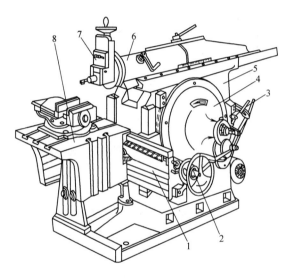

图 8-1　B6065 型牛头刨床

1—横梁　2—进刀机构　3—变速机构　4—摆杆机构
5—床身　6—滑枕　7—刀架　8—工作台

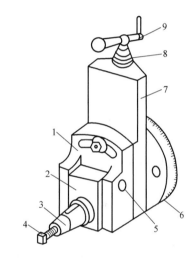

图 8-2　刀架

1—刀座　2—抬刀板　3—刀夹　4—紧固
螺钉　5—轴　6—刻度转盘　7—滑板
8—刻度环　9—手柄

## 8.3　刨刀的安装与工件的装夹

### 8.3.1　刨刀的安装方法

刨刀的结构和角度与车刀相似，其区别是：

1）由于刨刀工作时有冲击，因此，刨刀刀柄截面一般为车刀的 1.25～1.5 倍。

2）切削用量大的刨刀常做成弯头的，如图 8-3b 所示。弯头刨刀在受到切削力变形时，刀尖不会像直头刨刀那样（图 8-3a）因绕 $O$ 点转动而产生向下的位移而扎刀。

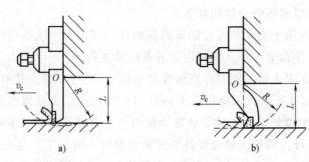

图 8-3  变形后刨刀的弯曲情况

a) 直头刨刀  b) 弯头刨刀

常用刨刀有平面刨刀、偏刀、切刀、弯头刀等，如图 8-4 所示。

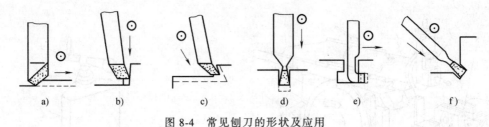

图 8-4  常见刨刀的形状及应用

a) 平面刨刀  b) 偏刀  c) 角度偏刀  d)、f) 切刀  e) 弯头刀

## 8.3.2  工件的安装方法

### 1. 采用平口钳装夹

平口钳是一种通用夹具，一些体积较小、形状简单的工件可采用平口钳进行装夹，装夹方法如图 8-5 所示。

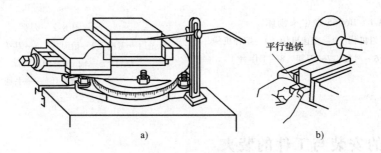

图 8-5  在平口钳安装工件

a) 按划线找正工件  b) 用垫铁垫高工件

### 2. 直接安装

刨床工作台有 T 形槽，较大工件或某些不宜用平口钳装夹的工件，可直接用压板和螺栓将其固定在工作台上（图 8-6）。此时应按对角顺序分几次逐渐拧紧螺母，以免工件产生变形。有时为使工件不致在刨削时被推动，须在工件前端加放挡铁 2。

如果工件各加工表面的平行度及垂直度要求较高，则应采用平行垫铁并垫上圆棒进行夹

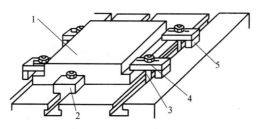

图 8-6 用压板螺栓安装工件

1—工件 2—挡铁 3—螺栓 4—压板 5—垫铁

紧，以使底面贴紧平行垫铁且侧面贴紧固定钳口。

大批量生产中，为了提高生产率、保证加工质量，一般是采用专用夹具进行装夹。

## 8.4 典型表面的刨削

### 8.4.1 刨水平面

刨水平面采用平面刨刀，当工件表面要求较高时，粗刨后还要进行精刨。为使工件表面光整，在刨刀返回时，可用手掀起刀座上的抬刀扳，以防刀尖刮伤已加工表面。

### 8.4.2 刨垂直面和斜面

刨垂直面和斜面均采用偏刀，如图 8-7、图 8-8 所示。安装偏刀时，刨刀伸出的长度应大于整个垂直面或斜面的高度。刨垂直面时，刀架转盘应对准零线；刨斜面时，刀架转盘要扳转相应的角度。此外，刀座还要偏转一定的角度，使刀座上部转离加工面，以使刨刀返回行程中抬刀时刀尖离开已加工表面。

安装工件时，要通过找正使待加工表面与工作台台面垂直（刨垂直面时），并与刨刀切削行程方向平行。在刀具返回行程终了时，用手摇刀架上的手柄来进刀。

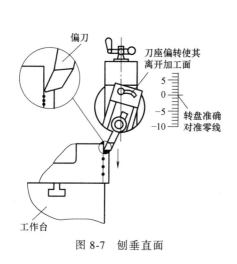

图 8-7 刨垂直面

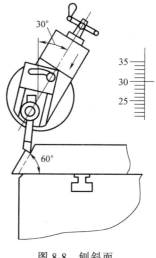

图 8-8 刨斜面

### 8.4.3 刨 T 形槽

刨垂直槽时，要用切刀以垂直手动进刀来进行，如图 8-9 所示。

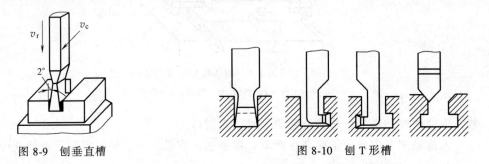

图 8-9  刨垂直槽          图 8-10  刨 T 形槽

刨 T 形槽时，要先用切刀刨出垂直槽，再分别用左、右弯刀刨出两侧凹槽，最后用 45°刨刀倒角，如图 8-10 所示。

# 思 考 题

1. 牛头刨床主要由哪几部分组成？各部分有何作用？
2. 刨床的主运动和进给运动是什么？刨削运动有何特点？
3. 刨削前，牛头刨床需进行哪几个方面的调整？如何调整？
4. 刨削垂直面和斜面时，应如何调整刀架的各个部分？
5. 刨削垂直面时，为什么刀架要偏转一定的角度？如何偏转？
6. 为什么刨刀往往做成弯头？
7. 刨刀与车刀相比有何异同？
8. 牛头刨床、龙门刨床和插床在应用方面有何不同？
9. 试述六面体零件的刨削加工过程。

# 钳工和装配

## 【训练目的和要求】

1. 掌握钳工加工内容。
2. 了解划线方法和常用的划线工具。
3. 了解装配的基础知识和常见的装配方法。

钳工是手持工具对工件进行加工的方法。钳工基本操作包括划线、錾削、锯削、锉削、钻孔、攻丝、套扣、刮削、研磨、装配和修理等。钳工常用设备有钳工台（图 9-1）和虎钳（图 9-2）等。

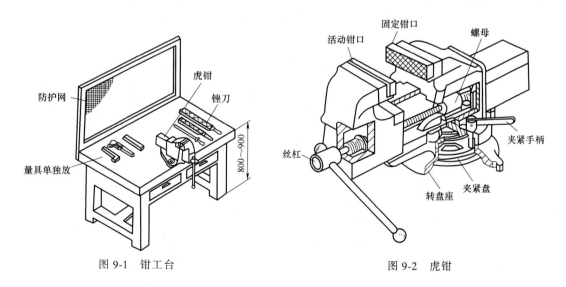

图 9-1　钳工台　　　　　　　　图 9-2　虎钳

## 9.1　划线

根据图样要求，在毛坯或半成品的工件表面上划出加工界线的操作方法称为划线。其作用是：①作为加工的依据；②检查毛坯形状、尺寸，剔除不合格毛坯；③合理分配工件的加工余量。

## 9.1.1 划线工具

常有的划线工具有有钢直尺、划线平板、划针、划针盘、高度游标卡尺、划规、样冲、V形铁、角铁、直角尺及千斤顶或支持工具等，部分划线工具如图9-3所示。

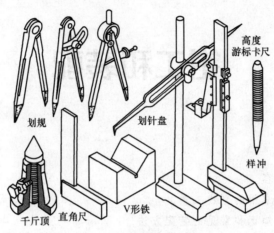

图9-3 常用的划线工具

（1）划线平板 划线平板又称划线平台，如图9-4所示，是一块经过精刨和刮削研磨等精加工的铸铁平板，是划线工作的基准工具。划线平板表面的平整性直接影响划线的质量，因此，要求平板水平放置，平稳牢靠。平板各部位要均匀使用，以免局部地方磨凹；不得碰撞和在平板上锤击工件，平完后要经常保持清洁，用完后擦净涂油防锈，并加盖保护。

（2）划针与划针盘 划针由直径为 3～5mm 的弹簧钢丝或碳素工具钢经刃磨后经淬火制成，磨成锥度为 15°～20° 的尖端。

用划针划线对尺寸时，针尖要紧靠钢尺，并向钢尺外侧倾斜 15°～20°，并应向划线方向倾斜 45°～75°，如图9-5所示。划线要尽量做到一次划成，若重复划同一条线，则线条变粗或不重合模糊不清，会影响划线质量。

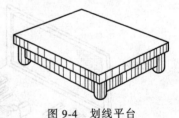

图9-4 划线平台

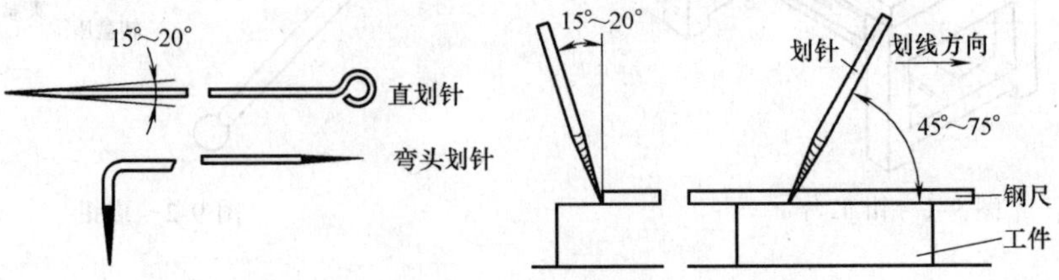

图 9-5 划针及其使用

a）划针 b）用划针划线

划针盘（图9-6）是用来进行立体划线和找正工件位置的工具。它分为普通式和可调式两种。使用划线盘时，划针的直头端用来划线，弯头端用来找正工件的划线位置。划针伸出部分应尽量短，在拖动底座划线时，应使它与平板平面贴紧。划线时，划针盘朝划线（移动）方向倾斜30°~60°。

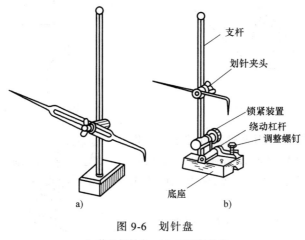

图 9-6　划针盘

a）普通划针盘　b）可调划针盘

（3）划规与划卡　划规（图9-7）用来划圆、划圆弧、划出角度、量取尺寸和等分线段等工作。划规是用工具钢锻造加工制成，脚尖经淬火硬化。划卡（9-8）是用来确定轴和孔的中心位置的工具。

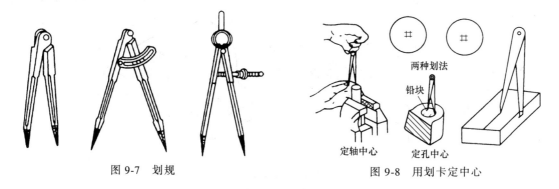

图 9-7　划规

图 9-8　用划卡定中心

（4）样冲　样冲主要是用来在工件表面划好的线条上冲出小而均匀的冲眼，以免划出的线条被擦掉。样冲用工具钢或弹簧钢制成，尖端磨成45°~60°，经淬火硬化。样冲冲眼时，开始样冲向外倾斜，使冲尖对正划线的中心或所划孔的中心，然后把样冲立直，用锤击打样冲顶端（图9-9）。

（5）千斤顶和V形铁　千斤顶（图9-10）和V形铁（图9-11）都是用来支承工件，供校验、找正及划线时使用的。它们都是用铸铁或碳钢加工而成。

（6）划线方箱　划线方箱是一个由铸铁制成的空心立方体，每个面均经过精加工，相邻平面互相

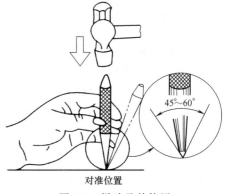

图 9-9　样冲及其使用

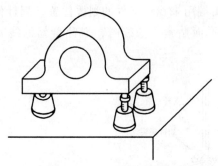

图 9-10　千斤顶支承工件

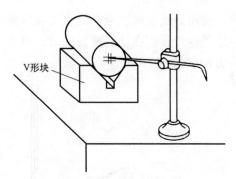

图 9-11　V 形铁支承工件

垂直，相对平面互相平行。用夹紧装置把小型工件固定在方箱上，划线时只要把方箱翻 90°，就可把工件上互相垂直的线在一次安装中划出（图 9-12）。

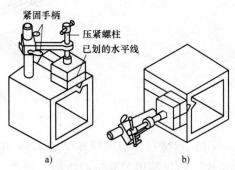

图 9-12　方箱及其应用
a）用方箱划水平线　b）用方箱划垂直线

根据工件形状不同，划线可分为平面划线和立体划线两种。

平面划线即在工件的一个平面上划线，如图 9-13a 所示。立体划线在工件的几个表面上划线，即在长、宽、高三个方向上划出相关线条，如图 9-13b 所示，称为立体划线。

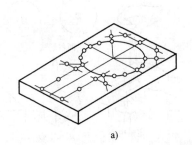

图 9-13　划线方法
a）平面划线　b）立体划线

## 9.1.2　划线基本操作

### 1. 划线基准的选择

"基准"是用来确定生产对象几何要素间的几何关系所依据的点、线、面。在零件图上用来确定其他点、线、面位置的基准，称为设计基准。划线基准是指在划线时选择工件上的某个点、线、面作为依据，用它来确定工件的各部分尺寸、几何形状及工件上各要素的相对位置。

选择划线基准的原则：若工件上有重要的孔需要加工，一般选择该孔的轴线为划线基准，如图 9-14a 所示；若工件上有已加工表面，则应该以该平面为划线基准，如图 9-14b 所示。

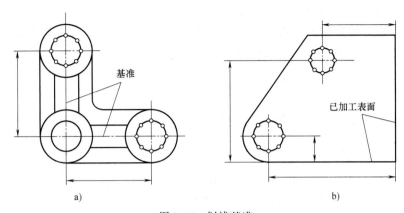

图 9-14 划线基准

a）以孔的轴线为基准 b）以加工平面为基准

**2. 划线的步骤**

1）看清图样，详细了解工件上需要划线的部位；明确工件及其划线有关部分在产品中的作用和要求；了解有关后续加工工艺。

2）确定划线基准。

3）初步检查毛坯的误差情况。

4）正确安放工件和选用工具

5）划线。

6）仔细检查划线的准确性及是否有线条漏画。

7）在线条上冲眼。

## 9.2 锯削

锯削是用锯条切割开工件材料，或在工件上切出沟槽的操作。

**1. 锯削工具**

锯削的常用工具是手锯，由锯弓和锯条组成，如图 9-15 所示。锯弓用来安装锯条，锯条是锯削用的工具。锯条由碳素工具钢制成，并经淬火和低温退火处理。锯条规格用锯条两端安装孔之间的距离表示。常用的锯条约长 300mm、宽 12mm、厚 0.8mm。锯齿形状如图 9-16 所示。

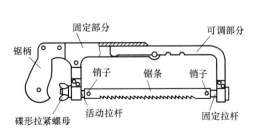

图 9-15 手锯

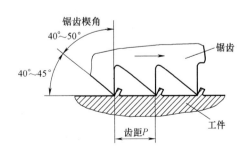

图 9-16 锯齿形状

锯齿按齿距大小可分为粗齿（$P = 1.6$mm）、中齿（$P = 1.2$mm）及细齿（$P = 0.8$mm）三种。锯齿的粗细应根据加工材料的硬度和厚薄来选择。锯削铝、铜等软材料或厚材料时，应选用粗齿锯条。锯硬钢、薄板及薄壁管子时，应该选用细齿锯条。锯削软钢、铸铁及中等厚度的工件则多用中齿锯条。锯削薄材料时至少要保证 2~3 个锯齿同时工作。

**2. 锯削基本操作**

（1）选用锯条　根据工件材料的硬度和厚度选择齿距合适的锯条。

（2）安装锯条　安装时，锯齿应向前，松紧应适当，否则锯削时易折断锯条。调整好的锯条不能歪斜和扭曲。

（3）装夹工件　工件夹持要牢靠，伸出钳口要短，应尽可能装在台虎钳左边。

（4）锯削工件　锯削时锯弓握法如图 9-17 所示。起锯时，应用左手拇指靠住锯条，右手稳推手柄，起锯角度稍小于 15°（图 9-18），锯弓往复速度应慢，行程要短，压力要小，锯条平面与工件表面要垂直，锯出切口后，锯弓逐渐改为水平方向；正常锯削时，左手握住锯弓前端部，以稳稳的掌握锯弓，前推时均匀加压，返回时从工件上轻轻滑过，速度一般为每分钟往返 20~40 次；快锯断时，应减轻压力，放慢速度。锯切钢件时，应使用全损耗系统用油润滑。

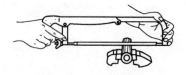

图 9-17　锯弓的握法

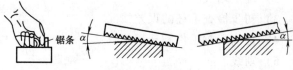

图 9-18　起锯方法

## 9.3　锉削

锉削是用锉刀对工件表面进行加工的操作。

**1. 锉刀**

锉刀是用以锉削的工具，它由锉身（即工作部分，含锉边和锉面）和锉柄两部分组成（图 9-19），其规格以工作部分的长度表示，常用的有 100mm、150mm、200mm、300mm 等。

锉削工作是由锉面上的锉齿完成的。按用途不同，锉刀可分为钳工锉、整形锉和特种锉三种。钳工锉刀用于一般工件表面的锉削，其截面形状不同，应用场合也不相同（图 9-20）；整形锉刀

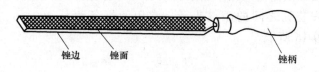

图 9-19　锉刀的构造

又称什锦锉、组锉，适用于修整工件上的细小部位及进行精密工件（如样板、模具等）的加工；特种锉用于加工各种工件的特殊表面。按齿纹密度（以锉刀齿纹的齿距大小表示）不同，锉刀可分为五种：粗（齿）锉、中（齿）锉、细（齿）锉、双细（齿）锉、油光锉，以适应不同的加工需要。一般用粗齿锉进行粗加工及加工有色金属；用中齿锉进行粗锉后的加工，锉钢、铸铁等材料；用细齿锉来锉光表面或锉硬材料；用

油光锉进行修光表面工作。

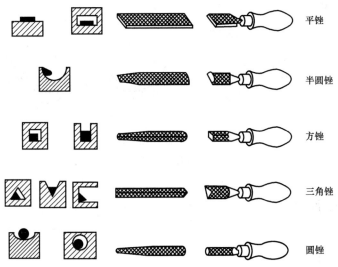

平锉
半圆锉
方锉
三角锉
圆锉

图 9-20 钳工锉刀的截面形状

**2. 锉削方法**

（1）平面的锉削方法 锉平面可采用交叉锉法、顺向锉法或推锉法。交叉锉（图 9-21a）一般用于加工余量较大的情况；顺向锉（图 9-21b）一般用于最后的锉平或锉光；推锉法（图 9-21c）一般用于锉削狭长平面。当用顺向锉法推进受阻碍、加工余量较小又仅要求提高工件表面的完整程度和修正尺寸时也常采用推锉法。

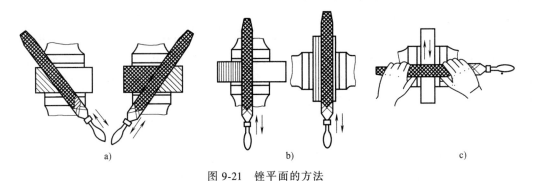

a) b) c)

图 9-21 锉平面的方法
a）交叉锉法 b）顺向锉法 c）推锉法

平面锉削时，其尺寸可用钢直尺和卡尺等检查；其平直度及直角要求可使用有关器具通过是否透光来检查，如图 9-22 所示。

（2）曲面的锉削方法 锉削外圆弧面一般用锉刀顺着圆弧锉的方法（图 9-23a），锉刀在作前进运动的同时绕工件圆弧中心作摆动。

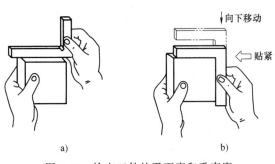

向下移动
贴紧

a) b)

图 9-22 检查工件的平面度和垂直度
a）检查平面度 b）检查垂直度

锉削内圆弧时，应使用圆锉或半圆锉，并使其完成前进运动、左右移动、绕锉刀中心线转动三个动作（图 9-23b）。

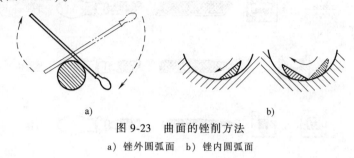

a)          b)

图 9-23    曲面的锉削方法

a) 锉外圆弧面   b) 锉内圆弧面

# 9.4   孔及螺纹加工

## 9.4.1   钻床及其基本操作

用麻花钻在实体材料上加工孔的方法称为钻孔。常用的钻床有：台式钻床、立式钻床和摇臂钻床。

### 1. 台式钻床

台式钻床简称台钻（图 9-24），是一种小型机床，安放在钳工台上使用。其钻孔直径一般在 12mm 以下。主要用于加工小型工件上的各种孔，钳工中用得最多。钻床的规格是指所钻孔中最大直径，常用 6mm 和 12mm 等几种规格。

### 2. 立式钻床

立式钻床简称立钻（图 9-25），一般用来钻中型工件上的孔，其规格用最大钻孔直径表示，常用的有 25mm、35mm、40mm、50mm 等几种。它的功率较大，可实现机动进给，因此可获得较高的生产效率和加工精度。另外，它的主轴转速和机动进给量都有较大的变动范围，因而可适应不同材料的加工和进行钻孔、扩孔及攻螺纹等多种工作。

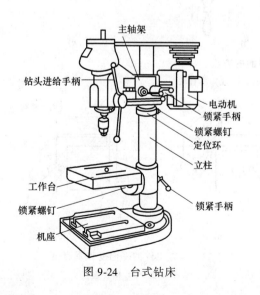

图 9-24   台式钻床

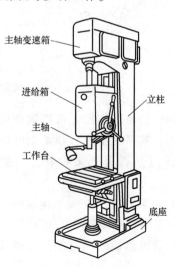

图 9-25   立式钻床

### 3. 摇臂钻床

摇臂钻床有一个能绕立柱旋转的摇臂（图9-26），用于大工件及多孔工件的钻孔。它需要移（转）动钻轴对准工件孔的中心来钻孔，而工件无需移动。主轴变速箱能沿摇臂左右移动，并可随摇臂沿立柱上下作调整运动，摇臂又能回转360°，因此，摇臂钻床的工作范围很大，摇臂的位置锁紧在立柱上，主轴变速箱可用电动缩紧装置固定在摇臂上。

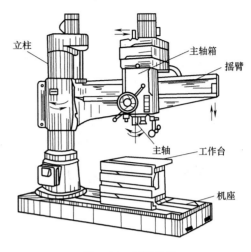

图9-26　摇臂钻床

工件不太大时，可将工件放在工作台上加工。如工件很大，则可直接将工件放在底座上加工。摇臂钻床的加工范围较广，可用来钻削大型工件的各种螺钉孔、螺纹底孔和油孔、扩孔以及攻螺纹等。

## 9.4.2　麻花钻构造

钻头是钻孔的主要工具，麻花钻是钳工最常用的钻头之一。

麻花钻是钻孔的主要工具，它是由柄部、颈部和工作部分（切削部分和导向部分）组成，如图9-27所示。柄部是麻花钻的夹持部分，用于传递扭矩。直径小于12mm时一般为直柄钻头，大于或等于12mm时为锥柄钻头。椎柄扁尾座的作用是防止麻花钻与钻头套或主轴锥孔之间打滑，而且便于麻花钻的拆卸。

颈部在磨削麻花钻时作退刀槽使用，钻头的规格、材料及商标常打印在颈部。

导向部分在切削过程中能保持钻头正直的钻削方向和具有修光孔壁的作用。导向部分有两条窄的螺旋形棱边，它的直径向柄部逐渐减小略有倒椎，能保证钻头切削时的导向作用，又减少了钻头与孔壁的摩擦。

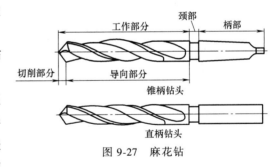

图9-27　麻花钻

钻头有两条螺旋槽，它的作用是构成切削刃，利于排屑和切削液畅通。钻头最外缘螺旋线的切线与钻头轴线的夹角形成螺旋角。

## 9.4.3　钻孔操作

### 1. 钻头的装夹

钻头的装夹方法：直柄钻头一般用钻夹头安装（图9-28），较小的钻头可用过渡套筒安装（图9-28）。

过渡套筒的拆卸方法是将楔铁带圆弧的边向上插入钻床主轴侧边的锥形孔内，左手握住钻夹头，右手用锤子敲击楔铁卸下钻夹头（图9-29）。

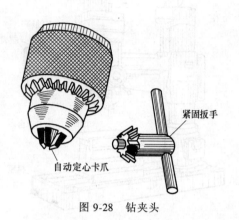

图 9-28　钻夹头 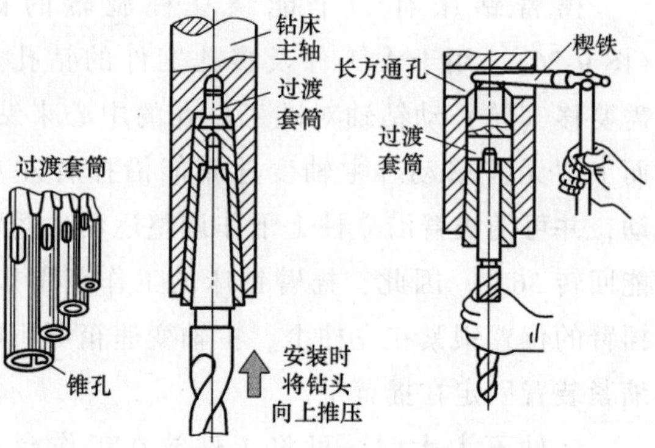　　　　　　　图 9-29　锥套及锥柄钻头的装卸方法

### 2. 按划线钻孔

按划线钻孔时，应先对准样冲眼试钻一浅坑，如有偏位，可用样冲重新冲孔校正，也可用錾子錾出几条槽来校正（图 9-30）。钻孔时进给速度要均匀，将钻通时进给量要减小。钻韧性材料时要加切削液。钻深孔（孔深 $L$ 与直径 $d$ 之比大于 5）时，钻头必须经常退出排屑。钻削大于 $\phi30mm$ 的孔应分两次钻，第一次先钻第一个直径较小的孔（为加工孔径的 0.5~0.7）；第二次用钻头将孔扩大到所要求的直径。

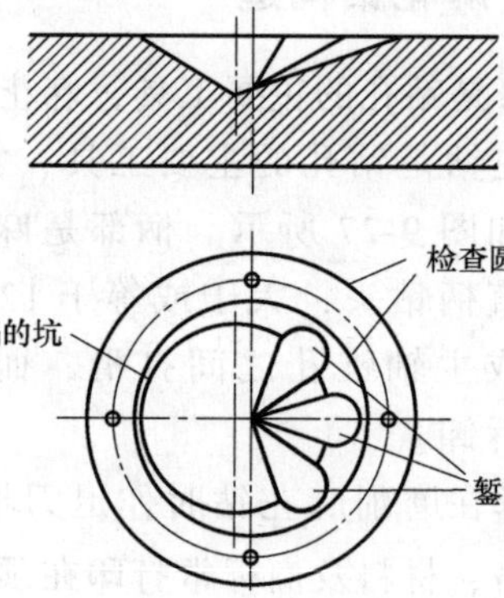

## 9.4.4　攻螺纹

用丝锥在工件孔中切削出内螺纹的加工方法称为攻螺纹。

### 1. 丝锥和铰杠

丝锥的结构如图 9-31 所示。工作部分是一段开槽的外螺纹。丝锥的工作部分包括切削部分和校准部分。

手用丝锥一般由两支组成一套，分为头锥和二锥。两支丝锥的外径、中径和内径均相等，只是切削部分的长短和锥角不同。头锥较长，锥角较小，约有 6 个不完整的齿，以便切入。二锥短些，锥角大些，不完整的齿约为 2 个。

铰杠是手工攻螺纹时用来夹持丝锥的工具，分为普通铰杠（图 9-32）和丁字铰杠（图 9-33）两大类。铰杠又可分为固定式和活铰式两种，其中丁字铰杠适用于在高凸台旁边箱体内部攻螺纹，活铰式丁字铰杠用于 M6 以下丝锥，普通铰杠的固定式用于 M5 以下丝锥。

图 9-30　钻偏时錾槽校正

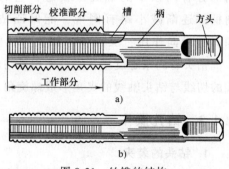

图 9-31　丝锥的结构

铰杠的方孔尺寸和柄长都有一定规格，使用时应按丝锥尺寸大小，合理选用。

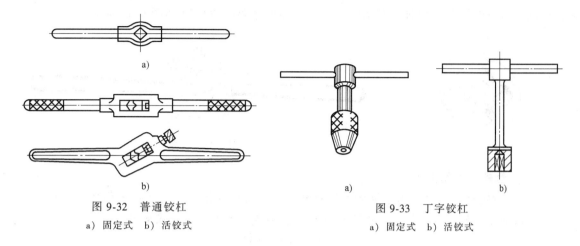

图 9-32　普通铰杠
a) 固定式　b) 活铰式

图 9-33　丁字铰杠
a) 固定式　b) 活铰式

**2. 攻螺纹操作步骤**

1) 钻孔。攻螺纹前要先钻孔，攻螺纹过程中，丝锥牙齿对材料既有切削作用还有一定的挤压作用，所以一般钻孔直径 $D$ 略大于螺纹的内径，可查表或根据下列经验公式计算：

① 在加工钢和塑性较大的材料及扩张量中等的条件下：

$$D_{钻} = D - P$$

式中，$D_{钻}$ 为攻螺纹钻螺纹底孔用钻头直径，单位为 mm；$D$ 为螺纹大径，单位为 mm；$P$ 为螺距，单位为 mm。

② 在加工铸铁或塑性较小的材料及扩张量较小的条件下：

$$D_{钻} = D - (1.05 \sim 1.1)P$$

常用的粗牙、细牙普通螺纹攻螺纹时，钻底孔用钻头直径也可以从有关标准中查得。

③ 攻螺纹底孔直径的确定。攻不通孔螺纹时，由于丝锥切削部分有锥角，端部不能切出完整的牙型，所以钻孔深度要大于螺纹的有效深度。一般取

$$H_{钻} = h_{有效} + 0.7D$$

式中，$H_{钻}$ 为底孔深度，单位为 mm；$h_{有效}$ 为螺纹有效深度，单位为 mm；$D$ 为螺纹大经，单位为 mm。

2) 攻螺纹时，两手握住铰杠中部，均匀用力，使铰杠保持水平转动，并在转动过程中对丝锥施加垂直压力，使丝锥切入孔内 1~2 圈。

3) 用 90°角尺，检查丝锥与工件表面是否垂直。若不垂直，丝锥要重新切入，直至垂直。

4) 深入攻螺纹时，两手紧握铰杠两端，正转 1~2 圈后反转 1/4 圈。在攻螺纹过程中，要经常用毛刷对丝锥加注机油。在攻不通孔螺纹时，攻螺纹前要在丝锥上作好螺纹深度标记。在攻丝过程中，还要经常退出丝锥，清除切屑。当攻比较硬的材料时，可将头、二锥交替使用。

5) 将丝锥轻轻倒转，退出丝锥，注意退出丝锥时不能让丝锥掉下。

## 9.4.5　套螺纹

用板牙在圆杆上切出外螺纹的加工方法称为套螺纹。

**1. 套螺纹工具**

套螺纹用的工具是板牙和板牙架。板牙有固定的和开缝的（开缝式板牙其螺纹孔的大

小可作微量的调节）两种。套螺纹用的板牙和板牙架如图 9-34 和图 9-35 所示。

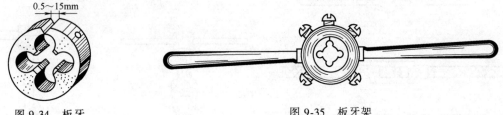

图 9-34　板牙　　　　　　　　　　　　图 9-35　板牙架

**2. 套螺纹操作步骤**

1）确定螺杆直径。由于板牙牙齿对材料不但有切削作用，还有挤压作用，所以圆杆直径一般应小于螺纹公称尺寸。可通过查有关表格或用下列经验公式来确定：

$$d_{杆} = d - 0.13P$$

式中，$d_{杆}$ 为圆杆直径，单位为 mm（套螺纹前圆杆直径可从有关标准中查得）；$d$ 为螺纹大径，单位为 mm；$P$ 为螺距，单位为 mm。

2）将套螺纹的圆杆顶端倒角 15°~20°。

3）将圆杆夹在软钳口内，要夹正紧固，并尽量低些。

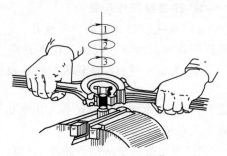

图 9-36　套螺纹操作

4）板牙开始套螺纹时，要检查校正，务必使板牙与圆杆垂直，然后适当加压力按顺时针方向扳动板牙架，当切入 1~2 牙后就可不加压力旋转。同攻螺纹一样要经常反转，使切屑断碎及时排屑，如图 9-36 所示。

# 9.5　装配

## 9.5.1　装配概念的认识

按照规定的技术要求，将零件组装成机器，并经过调整、试验，使之成为合格产品的工艺过程称为装配。

装配过程一般可分为组件装配、部件装配和总装配。

1）组件装配。组件装配是将两个以上的零件连接组合成为组件的过程。例如由轴、齿轮等零件组成的一根传动轴的装配。

2）部件装配。部件装配是将组件、零件连接组合成独立机构（部件）的过程。例如车床床头箱、进给箱等的装配。

3）总装配。总装配是将部件、组件和零件连接组合成为整台机器的过程。

## 9.5.2　装配前的准备工作

装配是机器制造的重要阶段。装配质量的好坏对机器的性能和使用寿命有很大影响。装配不好的机器、将会使其性能降低、消耗的功率增加、使用寿命减短。因此，装配前必须认真做好几点准备工作：

1）研究和熟悉产品的图样，了解产品的结构以及零件作用和相互连接关系，掌握技术要求。

2）确定装配方法、程序和所需的工具。

3）备齐零件，进行清洗、涂防护润滑油。

### 9.5.3　基本元件的装配

#### 1. 螺纹连接的装配

在固紧成组螺钉、螺母时，为使固紧件的配合面上受力均匀，应按一定的顺序来拧紧，如图9-37所示，而且每个螺钉或螺母不能一次就完全拧紧，应按顺序分2~3次才全部拧紧。为使每个螺钉或螺母的拧紧程度较为均匀一致，可使用测力扳手。零件与螺母的贴合面应平整光洁，否则螺纹容易松动。为提高贴合面质量，可加垫圈。为了防止螺纹连接在工作中松动，很多情况下需要采取放松措施，常用的有双螺母、弹簧垫圈、开口销和止动垫圈等（图9-38）。

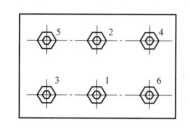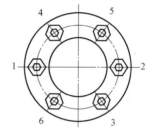

图 9-37　成组螺母的拧紧顺序

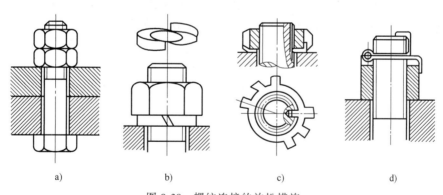

图 9-38　螺纹连接的放松措施

a）双螺母　b）弹簧垫圈　c）止动垫圈　d）开口销

#### 2. 滚动轴承的装配

滚动轴承的内圈与轴颈以及外圈与机体孔之间的配合多为较小的过盈配合，常用锤子或压力机压装。为了使轴承圈受到均匀加压，常采用垫套加压。如图9-39所示，轴承压到轴上时，应通过垫套施力于内圈端面；轴承压到机体孔中时，应施力于外圈端面；若同时压到轴上和机体孔中，则内外圈端面应同时加压。若轴承与轴颈是较大的过盈配合，则最好将轴承吊在80~90℃的热油中加热，然后趁热装入。

#### 3. 键连接的装配

键连接装配是用来连接轴上零件并对它们起周向固定作用，以达到传递转矩的作用。常

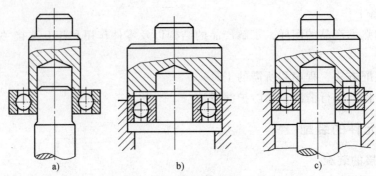

图 9-39　滚动轴承的装配

a）压入轴颈　b）压入轴承座　c）同时装入轴和孔中

用的有平键、半圆键和花键等。图 9-40 为平键连接的装配，装配时应使键长与键槽相适应，键宽方向使用过渡配合，键底面与键槽底面接触。

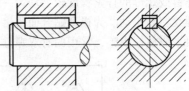

图 9-40　平键连接

### 9.5.4　拆卸工作的要求

1）机器拆卸工作，应按其结构的不同，预先考虑操作顺序，以免先后倒置，拆卸的顺序应与装配的顺序相反。

2）拆卸时，使用的工具必须保证对合格零件不会发生损伤，严禁用手锤直接在零件工作表面上敲击。

3）拆卸时，零件的旋松方向必须辨别清楚。

4）拆下的零部件必须有次序、有规则地放好，并按原来结构套在一起，配合件上做记号，以免搞乱。对丝杠、长轴类零件必须将其吊起，防止变形。

## 思　考　题

1. 钳工的基本操作有哪些？
2. 钳工常用的设备有哪些？
3. 划线的作用是什么？
4. 什么叫划线基准？选择划线基准的原则是什么？
5. 锯削的基本操作有哪些？
6. 安装锯条应注意什么？
7. 常用锉刀的界面现状有哪些？
8. 推锉法应用在什么场合？
9. 如何锉削曲面？
10. 钳工加工中所使用的钻床有几种类型？
11. 麻花钻由哪几部分组成？
12. 攻螺纹时应如何保证螺孔质量？
13. 对脆性和塑性材料，攻螺纹前孔的直径要求为什么不同？
14. 为什么套螺纹前要检查圆杆直径？其大小如何确定？
15. 自行设计一个零件，用钳工的加工方法完成零件的加工。
16. 螺纹连接的放松措施有哪些？
17. 装配分为哪几种？

# 激光加工技术

## 【训练目的和要求】

1. 掌握激光加工的基本理论和原理。
2. 了解激光加工设备的组成。
3. 掌握激光加工设备的操作方法。
4. 激光内雕和激光打标机器的操作并完成作品。

## 10.1 前言

激光技术发展非常迅速，激光的应用范围日趋广阔。激光在工业、商业、医疗、军事及科学研究等方面具有广泛的应用，诸如材料加工、材料表面处理、测量、印刷制版、通信、信息处理、娱乐、治疗、医生诊断、遥感、模拟、武器研制及光谱学等。激光加工技术是利用激光束与物质相互作用的特性对材料（包括金属和非金属）进行切割、焊接、表面处理、打孔及微加工等的一种加工新技术，涉及光、机、电、材料及检测等学科。在机械制造领域，不仅用于打孔、切割、焊接和热处理等领域，而且用于各种精细加工（亚毫米至亚微米级的精微尺寸加工）。现在激光加工技术已从特殊用途的加工技术变为通用的、具有多种加工能力的精加工技术。激光被誉为"万能加工工具"和"未来制造系统的共同加工手段"。

## 10.2 激光的产生及特性

### 10.2.1 激光的产生

光的产生与光源内部原子运动状态有关，原子内的原子核和核外电子间存在吸引和排斥的矛盾，电子按一定半径的轨道围绕原子核运动，当原子接受一定的外来能量或向外释放一定的能量时，核外电子的运动轨道半径发生变化，这就是发光的原理。

激光是通过入射光子影响处于亚稳态高能级的原子、离子或分子跃迁到低能级而完成受激辐射，从而发出光。简而言之，激光就是受激辐射得到的加强光。

## 10.2.2　激光的特性

普通光源的发光是以自发辐射为主，基本上是无序地、相互独立地产生光发射，发出的光波无论方向、相位或者偏振状态都不相同。激光不同于普通光，它以受激辐射为主，同时各发光中心所发射出的光波具有相同的频率、方向偏振和严格的相位关系。因此，激光除了具有反射、折射、绕射和干涉等一般光共性外，还具有亮度和单色性、方向性、相干性好等特点，激光特性见表10-1。

表 10-1　激光特性

|  | 普通光源 | 激光光源 |
| --- | --- | --- |
| 亮度 | 电灯：约 470sb<br>太阳：约 $1.65 \times 10^5$ sb | 红宝石巨脉冲激光器，约 $3.7 \times 10^{15}$ sb（输出功率 $1000MW/cm^2$） |
| 方向性 | 无确定方向、发散角大、难会聚 | 0.1mrad（近似于平行光），光束会聚其焦点处光斑为 $10\mu m$ |
| 单色性 | 氪灯光源的谱线宽一般为 0.00047nm | 激光的谱线宽一般小于 $10^{-8}$ nm |
| 相干性 | 氪灯光源的相干长度为 78cm | 激光相干长度可达几十公里 |

## 10.2.3　激光加工的基本原理及特点

激光加工是一种重要的高能束加工方法，它是利用材料在激光聚焦照射下瞬时急剧熔化和气化，并产生很强的冲击波，使被熔化的物质爆炸式地喷溅以实现材料去除的加工技术。激光加工的物理过程大致可分为光能的吸收及能量转化，材料的无损加热，材料熔化、气化及溅出，作用终止及加工区冷凝等几个连续阶段，激光加工具有以下特点：

1）适应性强。激光加工的功率密度高，几乎能加工任何材料，如各种金属、陶瓷、石英、金刚石和橡胶等。

2）加工精度高。激光加工可聚焦成微米级的光斑（理论上直径可小于$1\mu m$），适合精密微细加工。

3）加工质量好。激光加工能量密度高，热作用时间短，整个加工区几乎不受热的影响，工件热变形极小，故可加工对热冲击敏感的材料。

4）加工速度快效率高。激光打孔只需0.01s，切割比常规方法提高效率8~20倍，激光焊接可提高效率30倍，微调薄膜电阻可提高1000倍，可提高精度1~2个数量级。

5）容易实现自动化加工。激光束传输方便，易于控制，便于与机器人、自动检测、计算机数字控制等先进技术相结合。

6）通用性强。用一台激光器改变不同的导光系统，可以处理各种形状和尺寸的工件。也可以选择适当的加工条件，用同一台装置进行切割、打孔、焊接和表面处理等多种加工。

7）节能。激光束的能量利用率为常规热加工工艺的10~1000倍，激光切割可以节省材料15%~30%。

8）激光可通过光学透明介质（玻璃、空气、惰性气体和某些液体）对工件进行加工。

9）激光加工是一种瞬间、局部的熔化和气化加工，影响因素多。因此，微细加工时的重复加工精度和表面粗糙度值不易保证，此外对具有高热传导率材料的加工较困难。

### 10.2.4  激光加工的基本设备

激光加工的基本设备包括激光器、电源、光学系统和机械系统四大部分组成。近代激光技术与计算机控制技术相结合，组成柔性激光制造系统。此系统可控制全部激光输出参数、光学调整量以及正确迅速地控制工作台位置，对不同的产品只更换软件，从而大大提高了激光加工的效率、精度以及产品更换的适应性。

（1）激光器  激光器是激光加工的核心设备，通过它可以把电能转化成光能，获得方向好、能量密度高、稳定的激光束。按激光光源不同可分为：固体激光器、气体激光器、液体激光器、半导体激光器及自由电子激光器。按工作方式可分为连续激光器和脉冲激光器。

（2）电源  激光电源根据加工工艺的要求，为激光提供所需的能量及控制功能。由于激光器的工作特点不同，对供电电源的要求也不同，因而它们对供电电源的要求也不同。如：固体激光器电源由连续和脉冲的两种；气体激光器电源有直流、射频、微波、电容器放电以及这些方法的综合使用等，故电源种类较多。

（3）光学系统  光学系统包括聚焦系统和观察瞄准系统。聚焦系统的作用是把激光引向聚焦物镜，并聚焦在加工工件上；为了使激光束准确地聚焦在加工位置，要有焦点位置调节以及观察瞄准系统。

（4）机械系统  机械系统主要包括床身、工作台和机电控制系统。

### 10.2.5  激光加工技术的应用

激光加工应用范围很广，其原因是其输出功率较大，既可脉冲输出，也可连续输出；激光束既可以聚焦成小的光斑，也可以聚焦成直线或者其他形状；功率密度可调范围大；激光可以在不同的环境下工作；同时也能很方便地用在其他方法不易加工的地方。

激光加工的应用主要是打孔、切割、雕刻、焊接、表面处理和改性等几个方面。从加工原理上看，基本上是相同的，都是利用激光产生的瞬间高温进行加工，只是随加工条件的不同，所要求的温度和加工延续时间有所差异。

## 10.3  激光打标

### 10.3.1  激光打标技术概述

激光打标技术是激光加工最大的应用领域之一。激光打标是利用高能量密度的激光对工件进行局部照射，使表层材料汽化或发生颜色变化的化学反应，从而留下永久性标记的一种打标方法。激光打标可以打出各种文字、符号和图案等，字符大小可以从毫米到微米量级。

### 10.3.2  激光打标的特点

激光打标的特点是非接触加工，可在任何异型表面标刻，工件不会变形和产生内应力，适用于金属、塑料、玻璃、陶瓷、木材、皮革等材料的标记。

### 10.3.3　激光打标的应用

1）可雕刻多种非金属材料。用于服装辅料、医药包装、酒类包装、建筑陶瓷、饮料包装、织物切割、橡胶制品、外壳铭牌、工艺礼品、电子元件和皮革等行业。

2）可雕刻普通金属及合金（铁、铜、铝、镁、锌等所有金属），稀有金属及合金（金、银、钛），金属氧化物（各种金属氧化物均可），特殊表面处理（磷化、铝阳极化、电镀表面），ABS料（电器用品外壳，日用品），油墨（透光按键、印刷制品）和环氧树脂（电子元件的封装、绝缘层）。

3）应用于电子元器件、集成电路（IC）、电工电器、手机通信、五金制品、工具配件、精密器械、眼镜钟表、首饰饰品、汽车配件、塑胶按键、建材、PVC管材、医疗器械等行业。

### 10.3.4　激光打标的优势

激光打标技术作为一种现代精密加工方法，与腐蚀、电火花加工、机械刻划、印刷等传统的加工方法相比，具有无与伦比的优势：

1）采用激光作为加工手段，与工件之间没有加工力的作用，具有无接触、无切削力、热影响小的优点，保证了工件的原有精度。同时，对材料的适应性较广，可在多种材料的表面制作出非常精细的标记且耐久性好。

2）激光的空间控制性和时间控制性很好，对加工对象的材质、形状、尺寸和加工环境的自由度都很大，特别适用于自动化加工和特殊面加工。加工方式灵活，既可以适应实验室式的单项设计的需要，也可以满足工业化大批量生产的要求。

3）激光刻划精细，线条可以达到毫米到微米量级，采用激光标刻技术制作的标记仿造和更改都非常困难，对产品防伪极为重要。

4）激光加工系统与计算机数控技术相结合可构成高效自动化加工设备，可以打出各种文字、符号和图案，易于用软件设计标刻图样，更改标记内容，适应现代化生产高效率、快节奏的要求。

5）激光加工没有污染源，是一种清洁无污染的高环保加工技术。

### 10.3.5　激光打标机类型

#### 1. 光纤激光打标机

光纤激光打标机是目前应用最为广泛的机型，它采用光纤激光器输出激光，再经超高速扫描振镜系统实现打标功能，光纤激光打标机的电光转换效率高，采用风冷方式冷却，整机体积小巧，输出光束质量好，可靠性高，运行寿命长，能耗低，可雕刻金属材料和部分非金属材料。主要应用于对深度、光滑度、精细度要求较高的领域，如手机不锈钢饰片、钟表、模具、IC、手机按键等，位图打标，可在金属，塑料等表面标刻出精美的图片，且打标速度是传统的第一代灯泵浦打标机、第二代半导体打标机的3~12倍。

#### 2. 紫外激光打标机

紫外激光打标机是属于冷光或UV激光标记，是具有较好前景的机型，在很多产品光纤激光打标机标刻不出满意效果的场合紫外激光打标机一般都能标刻出来。打印出来的文字、图案等，会更加精细、清晰，主要应用于企业对文字、图案等要求更高的产品，市面上常用的紫外激光器有 3W、5W、7W、8W、10W、15W 等不同规格。

### 3. 二氧化碳 $CO_2$ 激光打标机

$CO_2$ 激光打标机的核心部件包括 $CO_2$ 金属激光器、扩束聚焦光学系统和高速振镜扫描器，具有性能稳定，寿命长，免维护等特点。$CO_2$ 射频激光器是一种气体激光器，以 $CO_2$ 气体为工作物质，激光波长为 $10.64\mu m$，属于中红外频段，$CO_2$ 激光器有比较大的功率和比较高的电光转换率。

### 10.3.6　操作演示

以大族激光 K20-CS 光纤激光打标机为演示机器，讲解操作流程。

操作步骤：

1）进入软件打标界面，通过【导入】的方式导入编辑好的图像或文字，按 <F4>，出现图像尺寸框，软件右上角调整需要打标的图像尺寸；根据需要打标的材料不同，修改软件界面右下角的打标参数，如图 10-1 所示。

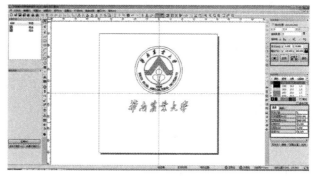

图 10-1　开机界面

2）按 <F7>，边测试边调整激光焦距，使激光焦点在需打标的物件表面，如图 10-2 所示。

3）确定好位置和参数后，按 <F7> 完成打标操作，如图 10-3 所示。

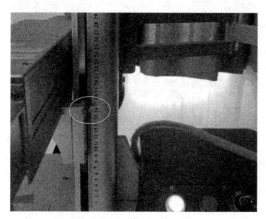

图 10-2　调整激光焦距

图 10-3　作品

## 10.4　激光内雕

激光内雕技术是目前国际上最先进、最流行的玻璃内雕刻加工方法，它是将脉冲强激光在玻璃体内部聚焦，产生微米量级大小的汽化爆裂点，通过计算器控制爆裂点在玻璃体内的空间位置，构成绚丽多姿的立体图像。

激光水晶内雕技术主要用于在玻璃体内部雕刻立体图象，如花、鸟、鱼、人、大自然美丽的风景及其他各种动植物。水晶良好的光学性能使雕刻的画意玲珑，如在天空，如在水中。可广泛应用于生产玻璃工艺品、纪念品，以及装饰玻璃的内部和表面图案的精细雕刻。

## 10.4.1　激光内雕的应用

1）激光内雕机配合三维照相机，可以制作个性化的 3D 水晶人头像。

2）能将婚纱照、新生儿的手脚印、个人写真、生活照等雕刻在人造水晶、普通玻璃、有机玻璃内部。

3）制作精美的奖杯、奖牌、纪念品（如校庆、学生毕业纪念）、装饰品（如水晶项链、吊坠）和工艺品。

4）在有机玻璃、普通玻璃内部雕刻文字、图案、标识。

5）平板显示器等产品的制作工艺流程中需要采用激光内雕工艺。

6）酒瓶、钻石、高档玻璃制品等商品的防伪可以采用激光内雕工艺。

## 10.4.2　操作演示

操作步骤：

1）双击"HL3D.exe"软件，【导入】（图10-4方框部分）设计好的图像，进行【实体变换】（图10-4左上角图的方框部分），根据水晶尺寸来修改相应的参数和内雕方向。

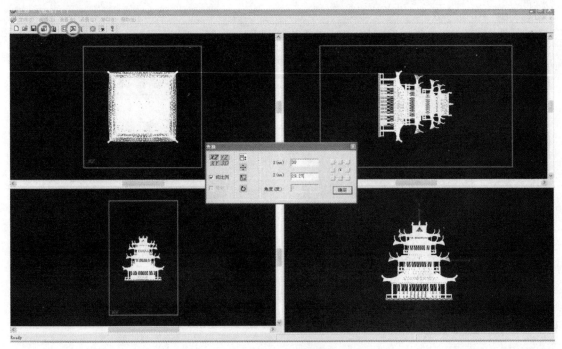

图 10-4　软件界面

2）在【参数】选项，进行相应的内雕参数修改，如图10-5左下角图中的方框部分。

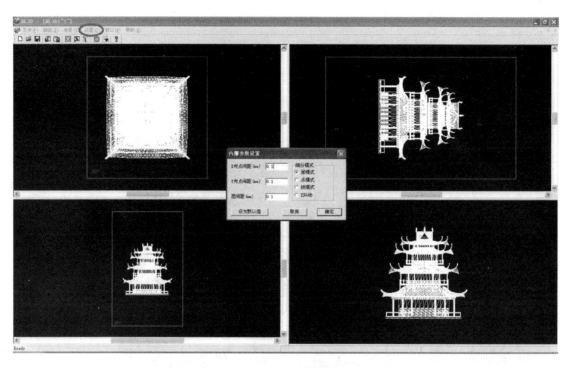

图 10-5　调整参数

3）内雕参数修改完毕后，单击【细分】按钮，进行点云分析，如图 10-6 左上角方框部分。

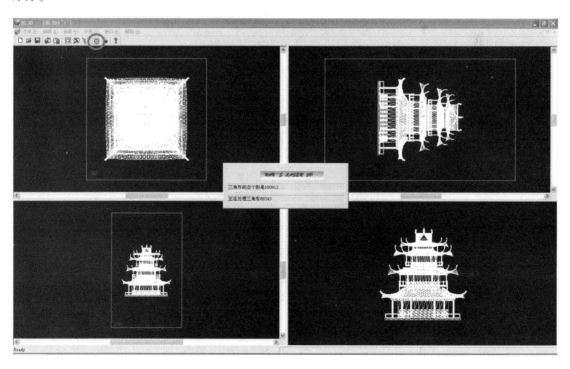

图 10-6　细分

4）点云分析完毕后，单击【导出】按钮，把处理好的图像保存成"＊.Agl"格式在桌面或文件夹。

5）双击"HL.exe"软件，导入刚才保存好的"＊.Agl"文件，单击【变换】按钮，进行大小或位置的修改，并对软件右侧进行参数修改，如图 10-7 的方框部分。

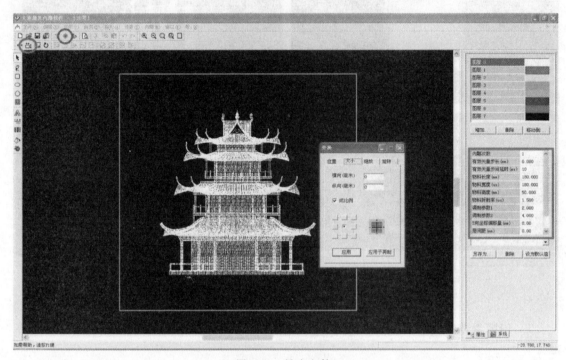

图 10-7　导出文件

6）把水晶白坯放置在激光内雕机工作台，如图 10-8 所示。

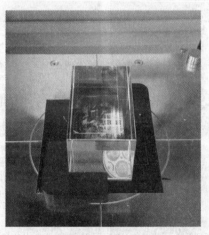

图 10-8　放置白坯

7）单击【通用内雕】按钮，如图 10-9 中的方框部分，进入"通用内雕方式"界面，如图 10-9 所示，先"测试焦点"，后"锁定工作台"，最后单击【内雕】按钮，机器即开始激光内雕工作。

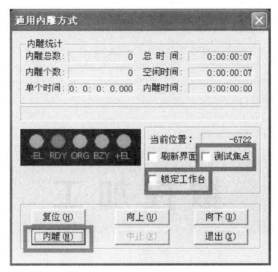

图 10-9 软件操作界面

8）内雕效果展示，如图 10-10 所示。

图 10-10 作品图

# 思 考 题

1. 简述激光加工的基本原理。
2. 激光打标的原理是什么？
3. 简述激光内雕和打标机的操作流程 。

# 数 控 加 工

## 【训练目的和要求】

1. 了解数控的基本概念及工作过程。
2. 了解数控机床的组成与分类方法。
3. 掌握数控机床编程基本知识和编程方法。
4. 独立编写程序并在数控机床上加工出合格零件。

## 11.1 数控加工概述

### 11.1.1 数控的定义及工作过程

#### 1. 数控的定义

数字控制可以定义为通过机床控制系统用特定的编程代码对机床进行操作。数控是数字控制（Numerical Control，NC）的简称，目前的数控一般采用通用或专用计算机来实现数字程序控制，因此数控也称为计算机数控（Computer Numerical Control，CNC）。数控技术是指用数字、文字和符号组成的指令来实现控制一台或多台机机械设备动作的技术。它所控制的通常是位移、角度、速度等机械量或与机械能量有关的开关量。数控的产生依赖于数据载体和二进制运算的出现，数控技术的发展与计算机技术的发展是紧密相连的。

采用了数控技术控制的机床，即装备了数控系统的机床，称为数控机床。数控机床是机电一体化的典型产品，是集机床、计算机、电动机及拖动、自动控制、检测等技术为一体的自动化设备。数控机床中输入数据的存储、处理、运算、逻辑判断等各种控制机能的实现，均可通过计算机软件来完成。

#### 2. 数控加工过程

数控加工就是根据零件试样及工艺要求等原始条件，编制零件数控加工程序，并输入到数控机床的数控系统，控制数控机床中的刀具与工件作相对运动，从而完成零件的加工，如图 11-1 所示。

1）根据零件加工图样进行工艺分析，确定加工方案、工艺参数和位移数据。

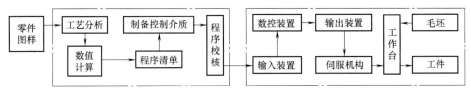

图 11-1　数控设备一般工作原理

2）用规定的程序代码格式编写零件加工程序单，或手工编写加工程序或者用自动变成软件直接生成零件的数控加工程序文件。

3）程序的输入或传输。手工编程时，可以通过数控机床的操作面板输入程序，由编程软件生成的程序，可通过计算机的串行通信接口直接传输到数控机床数控单元（MCU）的存储单元，带外部程序加工功能的数控机床，可以将程序放入外部存储介质（U盘或CF卡），然后由数控机床读取外部存储介质中的程序。

4）将输入/传输到数控单元的加工程序，进行试运行、刀具路径模拟，调试程序；

5）通过对机床的正确操作，运行程序，完成零件的加工。

### 3. 数据转换

CNC 系统的数据转换过程如图 11-2 所示。

图 11-2　CNC 系统工作过程

（1）译码　译码程序主要功能是将文本格式表达的零件加工程序，以程序段为单位转换成刀具移动处理所要求的数据格式，把其中的各种零件轮廓信息（如起点、终点、直线或圆弧等）、加工速度信息（F代码）和其他辅助信息（M 、S、T代码等），按照一定的语法规则解释成计算机能够识别的数据形式，并以一定的数据格式存放在指定的内存专用单元。在译码过程中，还要检查程序段的语法，若发现语法错误，数控系统便立即报警。

（2）刀补处理　刀具补偿包括刀具长度补偿和刀具半径补偿。通常输入 CNC 装置里的零件加工程序程序，以零件实际轮廓轨迹编程，刀具补偿作用是把零件实际轮廓轨迹转换成刀具中心轨迹（刀具的 B 功能补偿）。目前件能比较好的 CNC 装置中，刀具补偿工作还包括程序段之间的自动转接和过切削判断（刀具的 C 功能补偿）。

（3）插补计算　插补的任务是在一条给定起点和终点的曲线上进行数据点的密化。插补程序在每个插补周期运行一次，在每个插补周期内根据指令进给速度计算出一个微小的直线数据段。通常，经过若干次插补周期后，插补加工完成一个程序段轨迹，即完成从程序段起点到终点的数据点密化工作。

（4）PLC 控制。CNC 系统对机床的控制，分为对各坐标轴的速度和位置进行轨迹控制，对机床的动作进行顺序控制或逻辑控制。PLC 控制器可以在数控机床运行过程中，以 CNC 内部和和机床各行程开关、传感器、按钮、继电器等开关信号状态为条件，并按预先规定的逻辑关系对诸如主轴启停、换向，刀具的更换，工件的夹紧、松开，液压、冷却、润滑系统的运行等控制。

## 11.1.2 数控机床的组成与分类

### 1. 数控机床的组成

数控机床主要由输入/输出装置、计算机数控装置、伺服系统和机床本体四部分组成。

1）输入/输出装置。输入装置的作用是将数控加工信息读入数控系统的内存存储单元。常用的输入装置有手动输入、计算机串口在线输入、远程通信方式和外部存储介质输入等。输出装置的作用是为操作者提供必要的信息，如各种故障信息的操作提示等。常用输装置有显示器和打印机等。

2）计算机数控装置。计算机数控装置是数控机床实现自动加工的核心单元，通常由硬件和软件组成。目前的数控系统普遍采用通用计算机作为主要的硬件部分。软件部分主要是指主控制系统软件，如数据运算处理控制和时序逻辑控制等。数控加工程序通过数据运算处理后，输出控制信号控制各坐标轴的移动或转动。时序逻辑控制主要是由可编程（PLC）完成加工中各个动作的协调，使数控机床有条不紊地工作。

3）伺服系统。伺服系统是计算机数控装置和机床本体之间的传动环节。它主要是接收来自计算机数控装置的控制信息，并将其转换成相应坐标轴的进给运动和定位运动，伺服系统的精度和动态响应特性直接接影响机床本体的生产率、加工精度和表面质量。伺服系统主要包括主轴伺服和进给伺服两大单元。伺服系统的执行元件有功率步进电动机、直流伺服电动机和交流伺服电动机。

4）机床本体。机床本体指的是数控机床的机械结构部分，它是最终的执行环节。为了适应数控加工的特点，数控机床在布局、外观、传动系统、刀具系统及操作机构等方面都不同于普通机床。

### 2. 数控机床的分类

1）按加工方式和工艺用途分类，数控机床可分为数控车床、数控铣床、数控钻床、数控镗床、数控磨床等，有些数控机床具有两种以上切削功能。

2）按控制系统分类，目前市面上占有率较大的有 FANUC、华中、广数、西门子、三菱等，表 11-1 中列出了 FANUC 系统和西门子系统的特点及应用。

表 11-1 常用数控系统特点

| 类别 | 型号 | 特点及应用 |
| --- | --- | --- |
| FANUC | Power Mate 0 系列 | 具有高可靠性，用于控制两轴的小型数控车床，取代步进电动机的伺服系统，可配画面清晰、操作方便、中文显示的 CRT/MDI，也可配性价比高的 CRL/MDI |
| | 0D 系列 | 普及型 CNC，其中 0TD 用于数控车床，0MD 用于数控铣床及小型加工中心 |
| | 0C 系列 | 全功能型 CNC，其中 0TC 用于通用车床、自动车床，0TTC 用于双刀架四轴数控车床，0MC 用于数控铣床加工中心，0GGC 用于内、外圆磨床 |
| | 0i 系列 | 高性价比，整体软件功能包，高速、高精加工，并具有网络功能 |
| | 16i/18i/21i 系列 | 超小型、超薄型，具有网络功能，控制单元与 LCD 集成于一体，超高速串行数据通信 |
| | 160i/180i/210i-B | 与 Windows 2000/XP 对应的高性能开放式 CNC |

（续）

| 类别 | 型号 | 特点及应用 |
|---|---|---|
| SIEMENS | SINUMERIK 802S/C | 用于车床、铣床等,可控制 3 个进给轴和一个主轴,802S 适用于步进电动机驱动,802C 适用于伺服电机驱动,具有数字 I/O 接口 |
| | SINUMERIK 802D | 控制 4 个数字进给轴和 1 个主轴,PLCI/O 模块,具有图形式循环编程,车削、铣削/钻削工艺循环,FRAME(包括移动、旋转和缩放)等功能,为复杂加工任务提供智能控制 |
| | SINUMERIK 810D | 用于数字闭环控制,最多可控制 6 轴(包括 1 个主轴和 1 个辅助主轴),紧凑型可编程输入/输出 |
| | SINUMERIK 840D | 全数字模块化数控设计,用于复杂机床、机模块化旋转加工机床和传送机,最大可控 31 个坐标轴 |

3）按可控制联动的坐标轴分类。数控机床可控制联动的坐标轴数目,是指数控装置控制伺服电动机,同时驱动机床移动部件运动的坐标轴数目。

① 两坐标联动机床。数控机床能同时控制两个坐标轴联动,如同时控制 $X$ 和 $Z$ 方向运动,可用于加工各种曲线轮毂的回转体轴类零件。

② 三坐标联动机床。能同时控制 3 个坐标轴联动,可用于加工曲面零件。

③ 多坐标联动机床。数控机床能同时控制 4 个以上的坐标轴联动。多坐标数控机床的结构复杂、精度要求高、程序编制复杂,主要应用于加工形状复杂的零件,如五轴联动铣床加工曲面形状零件。

## 11.2　数控加工编程基础

### 11.2.1　数控编程的概念、步骤和方法

#### 1. 数控编程的概念

数控编程就是根据零件图样要求的图形尺寸和技术要求,把工件的加工顺序、刀具运动的尺寸数据、工艺参数（刀具运动参数,切削深度）以及辅助操作等内容,按照数控机床的编程方式和能识别的语言代码记录在程序单的全过程。

#### 2. 数控编程的内容和步骤

一个完整的数控编程过程主要包括：分析零件图样、确定加工工艺、数学处理计算到位数据、编写加工程序、校验修改程序、首件零件试切等环节。

（1）分析零件图样　首先要分析零件的材料、形状、尺寸、精度、批量、毛坯形状和热处理要求等,以确定该零件是否适合在数控机床上加工,适合在哪种数控机床上加工。同时要明确加工的内容和要求。

（2）确定加工工艺　在分析零件图的基础上,对零件加工工艺分析,确定零件的加工方法（包括采用的夹具、装夹定位方法等）、加工路线及切削用量等工艺参数。制定数控加工工艺时,要考虑所用数控机床的指令功能,充分发挥机床的效能;尽量缩短走刀路线,减少换刀次数,提高加工效率;合理选择编程零点,简化数学处理;合理选择切入点和切入方式,保证切入过程平稳;合理选择切出点和切出方式,避免在加工表面留下刀痕;正确地选

择换刀点，避免刀具工件、机床及其辅助部件发生干涉，保证加工过程安全可靠。

（3）数学处理计算刀位数据　数学处理是指在确定工艺方案时，确定工件的坐标系，并根据零件的尺寸结构，结合零件粗、精加工中刀具和工件的相对运动轨迹，计算得到相关的刀位点在工件坐标系中的坐标值。

（4）编写加工程序　加工路线、工艺参数及刀位数据确定后，编程人员可以根据数控系统规定的功能指令代码及程序段将式，使用手工编程或自动编程的方式逐段编写出零件的加工程序单。在使用手工编程时，应尽量使用数控系统提供的固定循环、宏程序、子程序等高效的编程功能，这样既可以减少编程量，同时也便于查找错误。

（5）输入程序　编程人员编制好数控加工程序后，必须输入数控系统来控制机床加工。程序的输入有三种方法：手动输入方式（Manual Data Input，MDI）、控制介质的方式（穿孔纸带、数据磁盘、移动存储器）和通信方式。

（6）校验修改程序　为避免程序错误导致机床加工事故，加工程序必须经过校验考虑后续加工。一般来说，对于手动输入的程序，有两种基本的校验方法：一是通过专用的数控加工仿真软件来校验程序代码的正确性；二是利用数控系统的图形模拟功能，让机床保持空运行加工状态，在机床屏幕显示刀具轨迹来检查程序的正确性。

（7）首件零件试切与检测　程序的校验只能校验运动轨迹是否正确，不能检查所指定的工艺参数是否合理及被加工零件的精度是否满足工程图样要求。因此，有必要进行零件的首件试切，而后检查试切工件的精度。当试切工件的精度达不到图样要求时，应分析产生错误的原因，找出问题所在，修改加工程序，直至满足图样要求。

**3. 数控程序的编制方法**

数控编程主要分为手工编程和自动编程两种。

（1）手工编程　手工编程是从工艺分析、工艺设计、数值处理、编写加工程序、输入程序到校验全部由人工完成。对于几何形状比较简单的零件，数值计算量小、程序段少、编程容易，采用手工编程比较经济、方便快捷。

（2）自动编程　自动编程是指程序的大部分或全部程序编制工作由计算机来完成。典型的自动编程有人机对话式自动编程及图形交互自动编程。在人机对话式自动编程中，从工件的图形定义、刀具的选择、起刀点的确定、走刀路线的安排，到各种工艺指令的插入，都是在CNC编程菜单的引导下进行的，最后由计算机处理，得到所需的数控加工程序。

图形交互自动编程是一种可以直接将零件的几何图形信息自动转化为数控加工程序的全新的计算机辅助编程技术。它通常以计算机辅助设计（CAD）为平台，利用CAD软件的绘图功能在计算机上绘制零件的几何图形，生成零件的图形文件，然后调用数控编程模块，采用人机交互的方式在计算机屏幕上指定被加工的部位，输入加工参数，计算机便可自动进行数学处理并编制出数控加工程序，同时在计算机屏幕上动态地显示出刀具的加工轨迹。自动编程大大减轻了编程人员的劳动强度，提高了工作效率，同时解决了手工编程无法解决的许多复杂零件的编程难题。

## 11.2.2　坐标系

为了方便编程，不必考虑数控机床具体的运动形式，即是刀具运动还是工件运动，一律假定刀具相对于静止的工件运动，编程时只需根据零件图样编程。标准中规定机床坐标系采用右手直角笛卡尔坐标系，如图 11-3 所示。图中大拇指的方向为 $X$ 轴正方向，食指为 $Y$ 轴的正方向，中指为 $Z$ 轴的正方向。$A$、$B$、$C$ 表示绕 $X$、$Y$、$Z$ 轴回转的回转轴线，$A$、$B$、$C$ 的正方向用右手法则确定。对于卧式数控车床，各轴的方向如图 11-4 所示，对于立式数控铣床，各轴的方向如图 11-5 所示，由于 $X$、$Y$ 轴是工件运动，其正方向与原定方向相反，并用 $X'$ 和 $Z'$ 指示正方向。

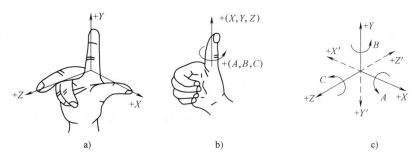

图 11-3　右手直角笛卡尔坐标系

a）右手直角　b）右手螺旋　c）笛卡尔坐标系

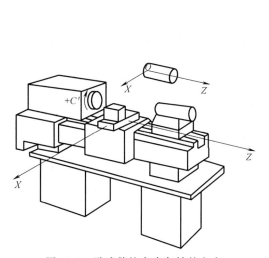

图 11-4　卧式数控车床各轴的方向

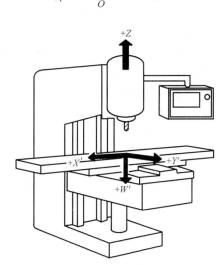

图 11-5　立式数控铣床各轴的方向

### 1. 机床坐标系和机床原点

机床坐标系又称机械坐标系。机床坐标系是机床上的一个固定的坐标系，其位置是由机床制造厂商确定的，一般不允许用户改变。

机床坐标系的零点称为机床原点，机床原点通常设在机床主轴端面中心点或主轴中心线与工作台面的交点上。机床坐标系是用来确定工件位置和机床运动部件位置的基本坐标系。

### 2. 工件坐标系和编程原点

工件坐标系是用于定义刀具相对工件运动关系的坐标系，又称编程坐标系。工件坐标系的原点称为程序原点或工件原点，程序原点在工件上的位置可以任意选择，一般应遵循如下原则：

1）选定的程序原点位置应便于数学处理和使程序编制简单。

2）程序原点应尽量选在机床上容易找正的位置。

3）程序原点应选在零件的设计基准或工艺基准上。

4）程序原点的选择应便于测量和检验。

### 3. 机床参考点

机床参考点是大多数具有增量位置测量系统的数控机床所必须具有的。它是用于对机床工作台、滑板与刀具相对运动的测量系统进行标定和控制的点。机床参考点一般设置在机床各轴靠近正向极限的位置，通过行程开关粗定位，由零位点脉冲精确定位。机床参考点相对机床坐标系是一已知定值，换言之，可以根据这一已知坐标值间接确定机床原点的位置。数控机床接通电源后，一般需要做回参考点（回零）操作，即利用数控装置控制面板或机床操作面板上的相关按钮，使刀具或工作台回到机床参考点。当返回参考点操作完成后，显示器显示的坐标值即为机床参考点在机床坐标系中的坐标值，表明机床坐标系已经建立。回参考点操作可以手动完成，也可用相关指令来自动完成（G28）。

## 11.2.3 编程方式

### 1. 绝对坐标编程

绝对坐标编程是指刀具（机床）的运动位置坐标值是相对固定的坐标原点（工件坐标系原点）计算的，即绝对坐标系的原点是固定不变的。

### 2. 相对坐标编程

相对坐标编程（增量坐标编程）是指刀具（或机床）的运动位置坐标值是相对前一运动位置计算的，即相对坐标系的原点总是在平行移动的。

### 3. 混合坐标编程

混合坐标编程就是在一个程序中既可以用绝对坐标编程，也可以用相对坐标编程。

## 11.2.4 程序结构

程序是由以"OXXXX"（程序名）开头、以"%"号结束的若干行程序段构成的。程序段是以程序段号开始（可省略），以";"或"*"结束的若干个字代码构成（包括程序段号），字代码由字地址符和数字组成。如图11-6所示。

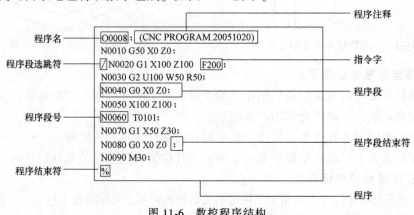

图 11-6 数控程序结构

### 1. 程序号

程序号是程序的标识，以区别其他程序。程序号由地址符及 1~9999 范围内的任意整数组成，不同的数控系统的程序号地址符是不同的，如广数系统和 FANUC 系统用英文字母"O"、SIEMENS 系统用"%"等。编程时应按照数控机床说明书的规定书写，否则数控系统报错。

### 2. 程序段格式和组成

程序段格式是指一个程序段中的文字、数字和符号的书写规则。一般分为字地址可变程序段格式、分隔符可变程序段格式和固定顺序程序段格式。字地址可变程序段格式又称自由格式，它由程序段号、指令字和程序段结束符组成。各指令字由字地址符和数字组成，字的排列顺序要求不严格，不需要的字或与上一程序段相同的续效字可以省略不写。数据可正可负，可以带小数点（单位 mm），也可以不带小数点（单位为最小设定单位）。字地址可变程序段格式简单、直观，便于检查和修改，应用广泛。

以广数 GSK980TD 为例，程序中常用字地址符英文字母的含义见表 11-2。

表 11-2　GSK980TD 系统地址符的英文字母含义

| 功　能 | 地址字符 | 意　义 |
|---|---|---|
| 程序号 | O、P | 程序编号,子程序号的指定 |
| 程序段号 | N | 程序段顺序编号 |
| 准备功能 | G | 指令动作的方式 |
| 坐标字 | X、Y、Z | 坐标轴的移动指令 |
|  | A、B、C;U、V、W | 附加轴的移动指令 |
|  | I、J、K | 圆弧圆心坐标 |
|  | R | 圆弧半径 |
| 进给速度 | F | 进给速度指令 |
| 主轴功能 | S | 主轴转速指令 |
| 刀具功能 | T | 刀具编号指令 |
| 辅助功能 | M | 主轴、冷却液的开关等 |
| 补偿功能 | H、D | 补偿号指令 |
| 暂停功能 | P、X、U | 暂停时间指定 |
| 参数 | P、Q、R | 固定循环参数指令 |

自由格式程序段中各字的说明：

（1）程序段号由地址 N 和后面四位数构成　N0000~N9999，前导零可省略　程序段号应位于程序段的开头，否则无效。程序段号可以不输入，但程序调用、跳转的目标程序段必须有程序段号。程序段号的顺序可以是任意的，其间隔也可以不相等，为了方便查找、分析程序，建议程序段号按编程顺序递增或递减。

（2）准备功能字 G　准备功能字用于指定数控机床的运动方式、坐标系设定、刀具补偿等多种加工操作，为数控系统的插补运算作好准备。

格式：G□□（G00~G99 共 100 种）

注意：G 指令按功能的不同分为若干组，同一组的 G 指令不能在同一程序段出现，否则只有最后一个 G 指令有效。

（3）模态指令 模块指令又称继效指令，该指令代码一经定义，其功能一直保持有效，直到被相应的代码取消或被同组的代码取代。

（4）非模态指令 非模态指令只在写有该代码的程序段中有效。

（5）坐标字 坐标字用于指定数控机床某坐标轴位置。由地址符、"+"、"-"号及绝对（或增量）坐标值组成，如 X30 Y-20。其中"+"号可省略。坐标字的地址符有：X、Y、Z、U、V、W、P、Q、R、A、B、C、I、J、K、D、H 等。

（6）进给功能字 F（为续效代码） 进给功能字用于指定刀具进给速度。

进给模式：数控车床有每转进给 mm/r 和每分钟进给 mm/min 。

每分钟进给模式 G98，格式：G98 F__；

每转进给模式 G99，格式：G99 F__

（7）主轴转速功能字 S（为续效代码） 主轴转速功能字用于指定主轴转速，一般单位为 r/min。

模式：数控车床有恒转速与恒线速控制模式（上电时默认状态为恒转速 r/min）。

（8）刀具功能字 T 刀具功能字用于指定刀具与刀具偏置量。

（9）辅助功能字 M 辅助功能字用字地址符 M 及两位数字表示，也称 M 功能或 M 指令。它是用来指令数控机床辅助装置的接通和断开。

格式：M□□（M00~M99 共 100 种）

常用的 M 指令有：

1）程序暂停（M00）。当执行有 M00 指令的程序段后，不执行下一段程序，相当于执行单程序段操作。按下控制面板上循环启动按钮后，程序继续执行。该指令可应用于自动加工过程中，停车进行某些手动操作，如手动变速、换刀、关键尺寸的抽样检查等。

2）程序选择暂停（M01）。该指令的作用和 M00 相似，但它必须在预先按下操作面板上"选择停止"按钮的情况下，当执行有 M01 指令的程序段后，才会停止执行程序。如果不按下"选择停止"按钮，M01 无效，程序继续执行。

3）主轴正转（M03）。对于立式铣床，所谓正转设定为由 Z 轴正方向向负方向看去，主轴顺时针方向旋转。

4）主轴反转（M04）。对于立式铣床，所谓正转设定为 Z 轴由正方向向负方向看去，主轴逆时针方向旋转。

5）主轴停止（M05）。

6）切削液开（M07/M08）。

7）切削液关（M09）。

8）程序结束（M02/M30）。在完成程序段所有指令后，使主轴、进给、切削液停止，机床及控制系统复位等。

（10）子程序调用指令（M98） 该指令用于主程序调用子程序。

格式：M98P 子程序号 L 调用次数（当只调用子程序一次时，L 可以省略不写。）

　　M98P_ _ _ _ _ _ _　　　（此时 P 后面有七位数，其中前三位数是调用次数，后四位为程序号。）

　　（11）返回主程序指令（M99）。

　　（12）程序段结束字　用于每一程序段之后，表示程序段结束。当用 ISO 标准代码时，结束符为"LF"或"NF"；用 EIA 标准代码时，结束符为"CR"；有的用符号"；"；有的直接回车即可。FANUC 0i 系统采用"；"。

　　（13）程序文件结束符"％"在通信传送程序时，"％"为通信结束标志。新建程序时，CNC 自动在程序尾部插入"％"。

# 11.3　数控车削加工

　　数控车床是用数字化信号对车床及其加工过程进行控制的车床，它具有普通车床的所有加工功能，还具有普通车床所不具备的加工功能，如加工内外圆柱面、圆锥面、端面、切槽、螺纹等，还能加工内外圆弧面、非圆曲线回转面等。

## 11.3.1　数控车床的结构

　　以宝鸡机床厂 TK36 数控车床（广数 GSK980TD 数控系统）为例介绍数控车床的主要功能部件，如图 11-7 所示。

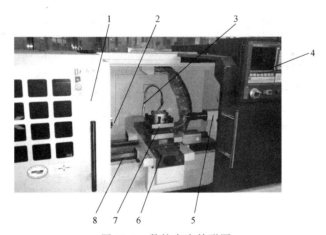

图 11-7　数控车床外形图

1—舱门　2—主轴　3—冷却装置　4—控制面板　5—尾座　6—拖板　7—电动刀架　8—床身/导轨

　　（1）舱门　舱门为数控车床必备的安全防护部件，由于数控车床主轴转速高，若刀具或工件从机床上脱落，具有较大的动能飞出，会对工作人员产生较大伤害。

　　（2）主轴　车床主运动的执行部件，主轴带动工件作回转运动，主轴由轴承支撑，安装于主轴箱中，由电动机和变速传动机构驱动。主电动机额定功率为 5.5kW（变频），主轴无级变速，转速范围：140~3000rad/min。

　　（3）冷却装置　数控车削时，刀尖会产生大量切削热，需要及时冷却，冷却装置用以流通冷却液及时对刀尖和工件表面进行冷却以带走热量。

（4）控制面板　控制面板为数控车床的核心部件，它由输入输出装置、控制运算器和输出装置等构成。

（5）尾座　尾座为安装钻头、铰刀、中心钻头等孔加工刀具或安装顶尖的支撑工件。

（6）拖板　车床进给运动执行部件，带动刀具作纵、横向直线进给运动，拖板安装于机床床身导轨上，由电动机、变速传动机构和丝杠螺母机构驱动，纵向拖板移动速度：6～6000mm/min，横向拖板移动速度：3～3000mm/min。

（7）电动刀架　电动刀架用于安装刀具，有四个刀位，由电动机驱动，实现自动换刀。电动刀架有前置和后置两种布局形式，图中所示为刀架前置。

（8）床身/导轨　床身/导轨为支撑运动部件，并起导向作用。

### 11.3.2　数控车床坐标系

数控车床分前置刀架和后置刀架，前置刀架车床坐标系和后置刀架车床坐标系分别如图11-8、图11-9所示。$X$ 轴正方向指向刀架所在一侧，机床原点设在车床主轴端面中心点，机床参考点设置在 $X$ 轴和 $Z$ 轴正向极限位置。

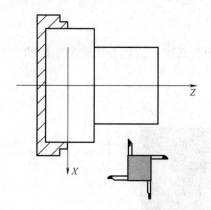

图 11-8　前置刀架车床坐标系

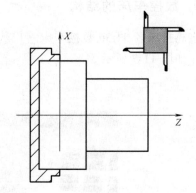

图 11-9　后置刀架车床坐标系

### 11.3.3　数控车床对刀

#### 1. 对刀的基本概念

对刀是数控加工中必不可少的一个过程。数控车床刀架上安装的刀具，对刀前刀尖点在工件坐标系下的位置是无法确定的，而且各把刀的位置差异也是未知的。对刀的目的就是测出各把刀的未知差，将各把刀的刀尖统一到同一工件坐标系下的某一固定位置，使各刀尖点均能按统一工件坐标系制定的坐标移动。对刀点的位置可由 G50（FANUC 系统）、G92（华中数控）、G54～G59（SIEMENS 802S/S 系统）等指令设定，设定该点的过程就是对刀。

#### 2. 对刀的方法

对刀的方法很多，可根据不同的机床以及不同的加工要求来选择合适的对刀方式。常见的对刀方法有：光学对刀法、定位对刀法和试切对刀法。

（1）光学对刀法　这是一种非接触式设定基准重合原理而进行的对刀方法，其定位基准通常由光学显微镜（或投影放大镜）上的十字基准刻线交点来体现。这种对刀方法比定位对刀法的对刀精度高，并且不会损坏刀尖，是一种推广采用的方法。

（2）定位对刀法　定位对刀法的实质是按接触式设定基准重合原理而进行的一种粗定位对刀方法，其定位基准由预设的对刀基准点来实现。对刀时，只要将各号刀的刀位点调整至对刀基准点重合即可。该方法简便易行，因此得到较广泛的应用，但其对刀精度受到操作者技术熟练程度的影响。一般情况下，其精度都不高，还须在加工或试切中修正。

（3）试切对刀法　前几种手动对刀方法可能受到手动和目测等多种误差的影响，对刀精度十分有限，实际加工中往往通过试切对刀以得到更加准确和可靠的结果。

以试切法对刀为例说明数控车床对刀方法：

1）将"方式选择旋钮"置于"MDI"状态，输入转速，例如：S500　M03。

2）摇动手轮移动 Z 轴，使刀具切入工件的右边端面 2~3mm，产生新的端面。

3）在机床面板上按"刀补"键，通过上下光标键找到当前刀具所相对应的刀补号，例如：T0101 相对应的 01 号刀的刀补号为 01，则在 01 号刀具补偿界面输入 Z 向当前刀位点在机床坐标系中的坐标值，如图 12-16 所示以工件的右端面回转中心为工件坐标系的基准点。

4）摇动手轮移动 X 轴和 Z 轴，使刀具切入工件 2~3mm，车削出长 5~10 mm 的圆柱面。Z 向退出，X 向保持不变，测量工件直径 2~3mm（假定工件直径 $\phi30$，车削后，经测量直径为 $\phi28$）。

5）停主轴，刀具沿 Z 向退出，X 向不动。

6）在机床数控面板上输入当前 X 向的刀具偏置值，如图 11-10 所示以工件的右端面回转中心为工件坐标系的基准点，则在 01 号刀具补偿界面输入 X 向当前刀位点在机床坐标系中的坐标值（X 值与直径 d 之和）。

### 11.3.4　数控车床手工编程

#### 1. G00 快速定位

该指令使刀具以机床厂家设定的最快速度，按点位控制方式从刀具当前点快速移动至目标点。用于刀具趋进工件或在切削完毕后使刀具撤离工件。该指令没有运动轨迹要求，也无需规定进给速度（F 指令无效）。X

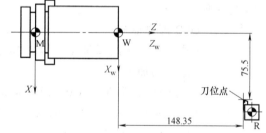

图 11-10　数控车床对刀

轴、Z 轴同时从起点以各自的快速移动速度移动到终点，如图 3-1 所示。两轴是以各自独立的速度移动，短轴先到达终点，长轴独立移动剩下的距离，其合成轨迹不一定是直线。

指令格式：G00 X＿ Z＿；绝对坐标编程

　　　　　G00 U＿ W＿；增量坐标编程

绝对坐标编程指令中的 X、Z 坐标值为终点坐标值，增量坐标编程指令中的 U、W 为刀具移动的距离，即终点相对于起点的坐标增量值，其中 X（U）坐标以直径值输入。当某一轴坐标位置不变时，可以省略该轴的指令坐标字。在一个程序段中，绝对坐标指令和增量坐标指令也可混用。

如：G00 X＿ W＿；或 G00 U＿ Z＿；

#### 2. G01 直线插补

插补是指加工时刀具沿构成工件外形的直线和圆弧移动，机床数控系统采用轮廓控制的方法，即通过插补来控制刀具以给定的速度沿编程轨迹运动，以实现对零件的加工。该指令用于使刀具以 F 指定的进给速度从当前点直线或斜线移动到目标点，即可使刀具沿 *X* 轴方向或 *Z* 轴方向作直线运动，也可以两轴联动方式在 *XZ* 平面内作任意斜率的直线运动。

指令格式：G01 X __ Z __ F __；绝对坐标编程

G01 U __ W __ F __；增量坐标编程

指令中的 *X*、*Z* 坐标值为终点坐标值；U、W 分别代表 *X*、*Z* 坐标的增量坐标形值，即终点相对于起点的坐标增量值；F 为刀具的进给速度（进给量）。

注意：在程序中，应用第一个 G01 指令时，一定要编写一个 F 指令，在以后的程序段中，在没有新的 F 指令以前，进给量保持不变，不必在每个程序段中都写入 F 指令。

**例** 编制如图 11-11 所示零件的精加工程序，工件坐标系原点在 *O* 点。

O0001 （程序号）

S500 M03；（主轴正转、转速 500rad/min）

T0101；（调用 1 号刀具及刀补）

G00 X30.0 Z1.0；（快速进刀）

G01 Z-20.0 F0.2；（车 $\phi$30 外圆）

G01 X60.0；（车 $\phi$60 端面）

G01 X80.0 Z-40.0；（车锥面）

G01 Z-70.0；（车 $\phi$80 外圆）

G00 X200 Z100；

M02；（程序结束）

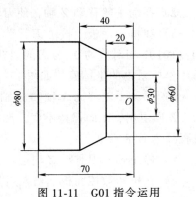

图 11-11 G01 指令运用

### 3. G02、G03 圆弧插补

该指令用于指令刀具作圆弧运动，以 F 指令所给定的进给速度，从圆弧起点沿着指定圆弧向圆弧终点进行的加工。

（1）圆弧插补的顺逆判断 G02 指令运动轨迹为从起点到终点的顺时针（后刀座坐标系）/逆时针（前刀座坐标系）圆弧，轨迹如图 11-12 所示。G03 指令运动轨迹为从起点到终点的逆时针（后刀座坐标系）/顺时针（前刀座坐标系）圆弧，轨迹如图 11-13 所示。

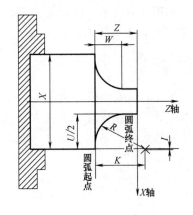

图 11-12 G02 轨迹图

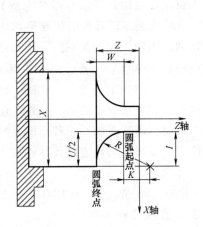

图 11-13 G03 轨迹图

（2）G02/G03 编程格式　$R$ 为圆弧半径，取值范围 $-9999.999 \sim 9999.999$；$I$ 为圆心与圆弧起点在 $X$ 方向的差值，用半径表示，取值范围 $-9999.999 \sim 9999.999$；$K$ 为圆心与圆弧起点在 $Z$ 方向的差值，取值范围 $-9999.999 \sim 9999.999$。在车床上加工圆弧时，不仅要用 G02/G03 指出圆弧的顺逆方向，用 $X$、$Z$ 指定圆弧的终点坐标，而且还要指定圆弧的中心位置。常用指定圆心位置的方式有两种，因而 G02/G03 的指令格式也有两种。

1）用 $I$、$K$ 指定圆心位置

指令格式：G02 X(U)＿ Z(W)＿ I＿ K＿ F＿；

　　　　　G03 X(U)＿ Z(W)＿ I＿ K＿ F＿；

2）用圆弧半径 $R$ 指定圆心位置

指令格式：G02 X(U)＿ Z(W)＿ R＿ F＿；

　　　　　G03 X(U)＿ Z(W)＿ R＿ F＿；

圆弧中心用地址 $I$、$K$ 指定时，其分别对应于 $X$、$Z$ 轴，$I$、$K$ 表示从圆弧起点到圆心的矢量分量，是增量值；如图 11-14 所示。$I$=圆心坐标 $X$-圆弧起始点的 $X$ 坐标；$K$=圆心坐标 $Z$-圆弧起始点的 $Z$ 坐标；$I$、$K$ 根据方向带有符号，$I$、$K$ 方向与 $X$、$Z$ 轴方向相同，则取正值；否则，取负值。

（3）说明

1）采用绝对值编程时，圆弧终点坐标为圆弧终点在工件坐标系中的坐标值，用 X、Z 编程；当采用增量编程时，圆弧终点坐标为圆弧终点相对圆弧起点的增量值。

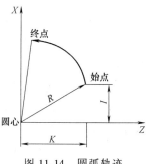

图 11-14　圆弧轨迹

2）$I$、$K$ 分别为圆弧中心坐标相对于圆弧起点坐标在 $X$ 方向和 $Z$ 方向的坐标。

3）当用圆弧半径指定圆心位置时，由于在同一半径 $R$ 的情况下，过圆弧的起点和终点可画出两个不同的圆弧。为区别二者，系统规定圆心角 $\alpha \leqslant 180°$ 时（优弧），用 "+R" 表示，如图 11-15 中的圆弧 1；$\alpha > 180$ 时（劣弧），用 "-R" 表示，如图 11-15 中的圆弧 2。

4）用半径 $R$ 指定圆心位置时，不能描述整圆。

G02/G03 指令综合编程实例，如图 11-16 所示，程序为：

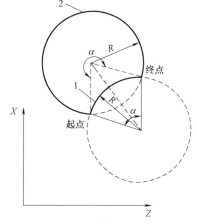

图 11-15　半径 $R$ 编程

1—"+R" 编程　2—"-R" 编程

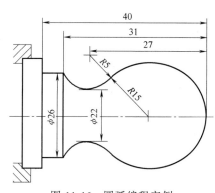

图 11-16　圆弧编程实例

程序：O0001

    N001 G0 X40 Z5；           （快速定位）

    N002 M03 S200；         （主轴开）

    N003 G01 X0 Z0 F900；     （靠近工件）

    N005 G03 U24 W-24 R15；   （切削 R15 圆弧段）

    N006 G02 X26 Z-31 R5；    （切削 R5 圆弧段）

    N007 G01 Z-40；          （切削 φ26）

    N008 X40 Z5；            （返回起点）

    N009 M30；               （程序结束）

**4. 固定循环指令**

为了简化编程，GSK980TD 提供了只用一个程序段完成快速移动定位、直线/螺纹切削、最后快速移动返回起点的单次加工循环 G 指令（如 G90、G92、G94）。固定循环指令可以将一个固定循环，例如切入→切削→退刀→返回四个程序段简化为一个程序段，因而可使程序简化。从切削点开始，进行径向（X 轴）进刀、轴向（Z 轴或 X、Z 轴同时）切削，实现柱面或锥面切削循环。

（1）轴向切削循环 G90

指令格式：G90 X（U）＿ Z（W）＿ F ＿；    （圆柱切削）；

              G90 X（U）＿ Z（W）＿ R ＿ F ＿；（圆锥切削）。

X：切削终点 X 轴绝对坐标，单位为 mm；

U：切削终点与起点 X 轴绝对坐标的差值，单位为 mm；

Z：切削终点 Z 轴绝对坐标，单位为 mm；

W：切削终点与起点 Z 轴绝对坐标的差值，单位为 mm；

R：切削起点与切削终点 X 轴绝对坐标的差值（半径值），带方向，当 R 与 U 的符号不一致时，要求 $|R| \leqslant |U/2|$；$R=0$ 或缺省输入时，进行圆柱切削，否则进行圆锥切削。

示例如图 11-17，毛坯 φ45 棒料，长 80mm，材料为 45 钢。

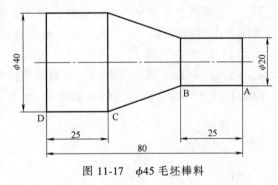

图 11-17　φ45 毛坯棒料

程序：O0002；

M3 S300 G0 X50 Z3；

G90 X40 Z-80 F200；      （A→D，φ40 切削）

X36 Z-25；

X32；

X28；                 （A→B，φ20 切削，分五次进刀循环；每次进刀 4mm）

X24；

X20；

G0 X40 Z-25；

G90 X40 Z-32.5 R-2.5；
F150；
Z-40 R-5
Z-47.6 R-7.5
Z-55 R-10
M30；

（B→C，锥度切削，分四次进刀循环切削）

（2）G92  螺纹加工固定循环  从切削起点开始，进行径向（X轴）进刀、轴向（Z轴或X、Z轴同时）切削，实现等螺距的直螺纹、锥螺纹切削循环。执行G92指令，在螺纹加工末端有螺纹退尾过程：在距离螺纹切削终点固定长度（称为螺纹的退尾长度）处，在Z轴继续进行螺纹插补的同时，X轴沿退刀方向指数或线性（由参数设置）加速退出，Z轴到达切削终点后，X轴再以快速移动速度退刀。G92指令可以分多次进刀完成一个螺纹的加工，但不能实现2个连续螺纹的加工，也不能加工端面螺纹。直螺纹固定循环加工，如图11-18所示。

指令格式：G92 X（U）__ Z（W）__ F__ J__ K__ L；  （公制直螺纹切削循环）；

G92 X（U）__ Z（W）__ R__ F__ J__ K__ L；（公制锥螺纹切削循环）

切削起点：螺纹插补的起始位置；切削终点：螺纹插补的结束位置；

X：切削终点X轴绝对坐标，单位为mm；

U：切削终点与起点X轴绝对坐标的差值，单位为mm；

Z：切削终点Z轴绝对坐标，单位为mm；

W：切削终点与起点Z轴绝对坐标的差值，单位为mm；

R：切削起点与切削终点X轴绝对坐标的差值（半径值），当R与U的符号不一致时，要求 $|R| \leqslant |U/2|$，单位为mm；

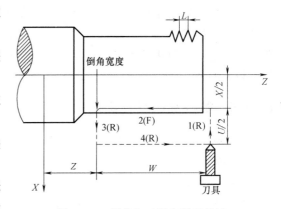

图 11-18  螺纹加工固定循环轨迹

F：公制螺纹螺距，取值范围0.001~500 mm，F指令值执行后保持，可省略输入；

J：螺纹退尾时在短轴方向的移动量，取值范围0~9999.999（单位：mm），不带方向（根据程序起点位置自动确定退尾方向），模态参数，如果短轴是X轴，则该值为半径指定；

K：螺纹退尾时在长轴方向的长度，取值范围0~9999.999（单位：mm）。不带方向，模态参数，如长轴是X轴，该值为半径指定；

L：多头螺纹的头数，该值的范围是1~99，模态参数。（省略L时默认为单头螺纹）

例  编制如图11-19所示工件的螺纹加工程序，螺纹尺寸M45×1.5。

O00013；

G50 X100 Z50 M3 S300；（设置工件坐标系启动主轴，指定转速）

G00 X80 Z10；（快速移动到加工起点）

G76 P020560 Q150 R0.1；（精加工重复次数2，倒角宽度0.5mm，刀具角度60°，最小

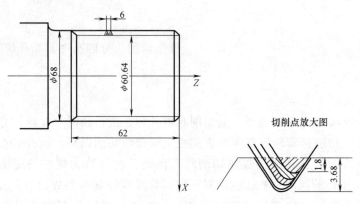

图 11-19　待加工工件

切入深度 0.15，精车余量 0.1）

　　G76 X60.64 Z-62 P3680 Q1800 F6；（螺纹牙高 3.68，第一螺纹切削深度 1.8）

　　G00 X100 Z50；（返回程序起点）

　　M30；（程序结束）

　　应用单一固定循环功能编程有效地简化了程序，但还不够简化。如果应用多重复合循环功能，只须指定精加工路线和粗加工的背吃刀量，系统就会自动计算出粗加工路线和加工次数，可以进一步简化编程。它主要适用于粗车和多次切削螺纹编程，如用棒料毛坯车削阶梯相差较大的轴，或切削铸、锻件的毛坯余量时。多重复合循环主要有 G71、G73 、G70。

### 11.3.5　数控车床编程实例

　　图 11-20 所示的轴类零件，其毛坯为 35mm，长为 130mm，材料为 45 钢棒。

O0001；

S500 M03；

T0101；

G00 X40.0 Z2.0；

G90 X30 Z-24.0 F0.2；

X20.0 Z-15；

G00 X0.0

G01 Z0.0 F0.2；

G03 X15.0 Z-7.5 R7.5；

G01 Z-15.0；

X22.0 Z-17.5；

Z-26.0；

G02 X32.0 Z-30.0 R4.0；

G01 Z-40.0；

G00 X100.0；

Z100.0；

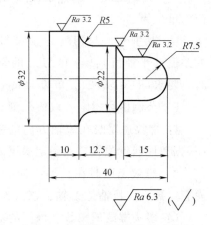

图 11-20　数控车床编程综合实例

T0100；

M30；

# 思　考　题

1. 数控加工有哪些特点？
2. 数控机床由哪些部件组成？结构上与普通机床的主要区别有哪些？
3. 开环进给伺服系统与闭环进给伺服系统的区别是什么？
4. 为什么要设置机床坐标系和工件坐标系？
5. 手工编程的主要工作有哪些？

# 电火花线切割加工

## 【训练目的和要求】

1. 了解电火花数控线切割加工的基本概念和特点。
2. 了解电火花线切割加工的适用范围。
3. 了解电火花数控线切割机床的基本结构。
4. 了解 AutoCAD 绘图方法，学会电火花线切割软件操作。
5. 掌握简单零件的电火花线切割加工工艺方法。

## 12.1 电火花线切割加工的基本概述

### 12.1.1 电火花线切割加工的基本原理

电火花线切割加工是利用移动的细金属丝作为工具电极，在金属丝与工件间通以脉冲电流，利用脉冲放电的电腐蚀作用对工件进行切割加工。电火花数控线切割加工时，电极丝接脉冲电源的负极，工件接脉冲电源的正极。当一个脉冲电源到来时，在电极丝与工件间产生一次火花放电，放电通道的中心温度可高达 9500℃，高温使放电点的工件表面金属熔化甚至气化，电蚀形成的金属微粒被工作液清洗出去，工件表面形成放电凹坑，无数凹坑组成一条纵向加工线。控制器通过进给电动机控制工作台的动作，使工件沿预定的轨迹运动，从而将工件切割成满足尺寸要求的指定形状，图 12-1 为线切割机床原理图。

### 12.1.2 电火花线切割加工机床的分类

根据线切割机床走丝速度的快慢，分为快走丝线切割机床和慢走丝线切割机床两种，一般往复走丝速度在 8~10m/s 的为快走丝线切割机床；单向走丝速度 0.2m/s 的为慢走丝线切割机床。目前国内以生产快走丝机床为主，也少量生产慢走丝机床，国外则主要生产慢走丝线切割机床。图 12-2 为快走丝线切割机床图，图 12-3 为慢走丝线切割机床图。快走丝线切割机床加工精度中等，价格便宜，且钼丝能循环使用，故使用成本较低。而慢走丝线切割机床与之相反，加工精度高，价格昂贵，铜丝电极单向运动，不能循环使用，故使用成本高。

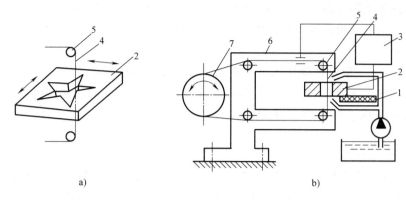

图 12-1　线切割机床原理图

1—支座　2—工件　3—脉冲电源　4—钼丝　5—导轮　6—运丝架　7—贮丝筒

图 12-2　快走丝线切割机床

图 12-3　慢走丝线切割机床

### 12.1.3　电火花线切割加工的特点

电火花线切割加工与电火花成形加工原理基本相同，加工过程的工艺和适用范围既有共性也有各自的特点。

**1. 电火花线切割加工与电火花成形加工的相似点**

1）线切割加工的基本原理、加工效率、加工精度、表面粗糙度以及材料的可加工性等都与电火花成形加工基本类似，可以加工硬度、强度特别高的导电材料如硬质合金等，但不能加工非导电材料如塑料、玻璃、水泥、木材等。

2）线切割加工的脉冲电源与电火花加工的基本相似，如电压与电流波形等。且单个脉冲同样有多种放电状态，像开路、正常火花放电、短路等。

**2. 线切割加工与电火花成形加工的不同点**

1）用于加工工件的电极工具是直径较小的金属细丝，故施加于电极工具上的脉冲宽度、平均电流等不能太大，加工工艺参数的范围较小，属中、精正极性电火花加工，工件常接脉冲电源正极。

2）加工时由于采用离子水或水基乳化工作液，不会引燃起火，故易实现安全自动无人工作，但工作液的电阻率远小于煤油，因而在开路状态下，仍有明显的电解电流。电解效应对改善加工表面的表面粗糙度稍有益处，但对于硬质合金等材料，却会使钴元素过多蚀除，使表面质量变差。

3）线切割加工一般没有稳定的电弧放电状态。主要是由于电极丝与工件有相对运动，特别是高速走丝电火花线切割加工，所以线切割加工的间隙状态是由正常火花放电、开路和短路这三种状态组成，但是单个脉冲内会有多种放电状态，如"微开路""微短路"等现象。

4）电极与加工件存在"稀松接触"式轻压放电现象。当电极丝与工件接近放电间隙（如 $8 \sim 10 \mu m$）时，并不发生火花放电，甚至当电极丝已接触到工件看不到间隙时，也时常不出现火花。只有当工件将电极丝顶弯，偏移一定距离（几微米到几十微米）时，才发生正常的火花放电。即每进给 $1 \mu m$，放电间隙并不减小 $1 \mu m$，而是钼丝增加一点张力，向工件增加一点侧向压力。只有电极丝和工件之间保持一定的轻微接触压力，才形成火花放电。研究表明，在电极丝和工件之间存在着某种绝缘薄膜介质，只有当电极丝与工件接触被顶弯所造成的压力和电极丝相对工件的移动摩擦，使绝缘薄膜介质减薄到可被击穿时，才发生火花放电。而放电发生之后产生的爆炸力，可能使电极丝局部振动而脱离接触，但宏观上仍是轻压放电。

5）与电火花成形加工相比，由于省掉了成形的工具电极，大大降低了成形工具电极的设计和制造费用，缩短了生产准备时间，缩短了加工周期，加快了新产品的研发速度，对模具加工很有意义。

6）由于电极丝比较细，可以加工微细异形孔、窄缝和复杂形状的工件。因为切缝很窄，故可对工件材料进行"套料"加工，尤其是间隙较大的冲压模。所以实际金属去除量很少，材料的利用率很高，这对加工、节约贵重金属有重要意义。

7）由于采用移动的长电极丝进行加工，使单位长度的电极丝损耗较少，从而对加工精度的影响比较小，特别是慢走丝线切割加工时，电极丝一次性使用，电极丝损耗对加工精度的影响更小。

正是由于电火花线切割加工有许多突出的优点，因而在国内外发展都较快，已获得了广泛的应用。

## 12.2 电火花线切割加工的适用范围

因为线切割加工速度慢、效率低，所以不适合大批量零件的生产，但对新产品试制、精密零件加工及模具制造则很适合。主要应用于以下几个方面。

（1）模具加工 适用于加工各种形状的冲模。通过调整不同的间隙补偿量，只需一次编程就可以切割凸模、凸模固定板、凹模及卸料板等。而模具配合间隙、加工精度通常都能达到 $0.01 \sim 0.02 mm$（双向快走丝线切割机床）和 $0.002 \sim 0.005 mm$（单向慢走丝线切割机床）的要求。

（2）切割电火花成形加工用的工具电极 可用于加工一般穿孔用的工具电极、带锥度型腔加工用的电极，以及铜钨、银钨合金之类的电极材料，用线切割加工特别经济，同时也适合加工微细复杂形状的电极。

（3）加工零件  在新产品研发试制样机时，可用线切割机床直接在坯料上割出零件，例如试制微型电动机硅钢片定转子铁心，由于无需另外制造模具，可大大缩短制造周期、降低成本。且修改设计、变更加工程序非常方便，加工薄件时还可多片叠加在一起加工，提高效率。在零件制造方面，可用于加工品种多、数量少的零件，特殊难加工材料的零件，材料试验样件，各种型孔、型面、特殊齿轮、凸轮、样板、成形刀具等。利用锥度切割功能还可以加工出"天圆地方"等上下异形面的零件。图 12-4 为学生金工实习制作的线切割作品。

图 12-4  线切割作品

# 12.3  电火花线切割机床的基本结构

电火花线切割机床主要由机床本体、脉冲电源和数控装置三大部分组成。

## 12.3.1  机床本体

### 1. 床身

床身一般为箱式结构的铸铁件，是机床的支承和固定基础，应有一定的强度和刚度，其上安装有工作台、运丝机构及丝架等。

### 2. X、Y 坐标工作台

一般 X、Y 坐标工作台是上下叠在一起的，上层为 Y 坐标工作台，内有安装工件的绝缘支架，只能沿 Y 坐标运动。下层为 X 坐标工作台，只能沿 X 坐标运动。工作台都是由步进电动机通过变速机构将动力传给丝杠螺母副，并将其变成坐标轴的直线运动。电火花线切割机床都是通过坐标工作台与电极丝的相对运动来完成零件加工的。为了保证机床精度，必须对工作台的运动部件的精度、刚度和耐磨性等有较高要求。一般采用滚珠丝杆螺母副和圆柱滚子导轨。同时为保证工作台的定位精度和灵敏度，传动丝杆和螺母之间必须消除间隙。

### 3. 走丝机构

运丝系统的作用是使电极丝以一定的速度运动并保持一定的张力。在快走丝线切割机床上，一定长度的电极丝（一般是钼丝）整齐地缠绕在贮丝筒上，切割精度与丝的张力或排绕时的拉紧力有关（可通过恒张力装置调整拉紧力），贮丝筒通过联轴节与驱动电动机相连。为了循环使用钼丝，电动机必须作正反向交替运转，由专门的换向装置控制。走丝速度等于贮丝筒周边的线速度，通常为 8~10m/s。

**4. 丝架**

丝架是用来支撑电极丝的构件，主要作用是在电极丝以一定的线速度运动时对电极丝起支撑作用，并使电极丝与工作台平面保持一定的几何角度。通常电极丝通过导轮引到工作台上，并与导电块滑动接触从而将高频脉冲电源连接到电极丝上。对于具有锥度切割的机床，丝架上还装有锥度切割装置。

丝架有固定式、升降式和偏移式三种类型。固定式丝架上下不可调节，优点是刚性好，加工稳定性高，缺点是高度不可调节，对加工材料的厚度有一定的限制。活动丝架则可调节不同的高度，以适合不同厚度的工件加工，加工范围大。

**5. 工作液循环系统**

工作液循环系统由工作液、工作液箱、工作液泵和循环导管组成。工作液起绝缘、排屑和冷却的作用。每次脉冲放电后，工件与电极丝之间必须迅速恢复绝缘状态，否则脉冲放电就会转变为稳定持续的电弧放电，影响加工质量。在加工过程中，工作液可把加工过程中产生的金属微颗粒迅速从电极之间冲走，使加工顺利进行，工作液还可冷却受热的电极丝和工件，防止工件变形。

## 12.3.2 脉冲电源

脉冲电源又称高频电源，是电火花线切割机床加工的能量提供者，其作用是把普通的 50Hz 交流电流转换成高频率的单向脉冲电流。脉冲电流的性能好坏将直接影响加工的切割速度、工件的表面粗糙度、加工精度和电极丝的损耗等。由于受加工表面粗糙度和电极丝允许承载电流的限制，线切割加工脉冲电源的脉宽较窄（2~60μs），单个脉冲能量、平均电流（1~5A）一般较小。加工时，总是采用正极性加工。即电极丝接脉冲电源负极，工件接正极。

## 12.3.3 数控装置

控制系统是电火花线切割加工中非常重要的一环，其稳定性、可靠性、控制精度和自动化程度将直接影响加工工艺指标和操作者的劳动强度。控制装置的主要功能是轨迹控制和加工控制。

**1. 轨迹控制**

轨迹控制是指按加工要求自动精确控制电极丝相对工件的运动轨迹，以获得所需的形状和尺寸。电火花线切割机床的轨迹控制系统曾经历过靠模仿形控制、光电仿形控制，现普遍采用微型计算机数字程序直接控制。数字程序控制（NC 控制）电火花线切割的原理是将工件（平面）的形状和尺寸编制成程序和指令（3B 指令或 ISO 代码指令），通过计算机进行插补运算，控制执行机构驱动电动机，经过减速系统带动精密丝杆和工作台使工件相对电极丝作轨迹运动。

**2. 加工控制**

线切割加工控制的功能有很多，主要包括进给控制、短路回退、间隙补偿、图形缩放、旋转和平移、自动找中心、信息显示、自诊断功能等。对于快走丝线切割机床，其控制精度为±0.001mm，加工精度为±0.01mm。

（1）进给速度控制 根据加工间隙的平均电压或放电状态的变化，通过取样不定期向计算机发出中断申请插补运算，自动调整伺服进给速度，保持平均放电间隙，从而使加工稳定，提高切割速度和加工精度。

（2）短路回退 当发生短路时，减小加工规准并沿着原来的加工轨迹后退，以便消除短路，防止断丝。

（3）间隙补偿 由于线切割数控系统控制的是电极丝中心的移动轨迹，而加工出来的实际图形尺寸是电极丝的边缘切出来的，这样就存在一个误差。因此，加工零件外形时，电极丝中心的移动轨迹应向原图形之外偏移一个数值进行"间隙补偿"；而当加工零件内孔时，电极丝中心的移动轨迹应向原图形之内偏移一个数值进行"间隙补偿"。

（4）自动找中心（对中） 加工内孔时能够使电极丝自动找到孔中心位置。

（5）自适应控制 当工件厚度有变化时，能够自动改变预设进给速度或电参数（加工电流、脉冲宽度、间隔），不用人工调节就可自动进行高效率、高精度的稳定加工。

（6）信息显示 能够动态显示程序号、计数长度、加工图形轨迹、已加工时间、剩余加工时间、坐标参数。还可显示放电电压和电流参数等。

（7）自诊断功能 当加工出现故障时，电脑屏幕会显示故障原因。而停电时，系统有断电记忆功能，即通电后可继续原来的加工，而不必从头开始。

# 12.4 绘图及自动编程

## 12.4.1 平面图形的绘制

一个零件（特别是三维复杂件）用一种加工手段往往是不够的，用一道工序更是不够的。而我们绘制的零件平面图，只是用于线切割加工的那部分平面图。现在国产的快（中）走丝线切割机床控制柜都集成了电脑，并安装了绘图软件和编程软件，大大方便了用户。一般工厂用 AutoCAD 绘图，编程系统则有：AutoCut 线切割编程系统；YH 线切割编程系统；HF 线切割编程系统等。绘制的图形必须是矢量图，保存格式为 dwg 或 dxf。通过编程软件，能够非常快捷、方便、准确地转换成 3B 或 3G 代码线切割程序。

## 12.4.2 线切割自动编程系统

AutoCut 线切割编程系统是基于 Windows XP 平台的线切割编程系统。首先用 CAD 软件根据加工图样绘制加工图形，对 CAD 图形进行线切割工艺处理，生成线切割加工的二维或三维数据，并进行零件加工。在加工过程中能够智能控制加工速度和加工参数，具有切割速度自适应控制、切割进程实时显示、加工预览方便的操作功能。同时对各种故障提供了完善的保护，防止工件报废。下面以一例子来说明 AutoCut 线切割编程系统的应用。

1）首先在电脑上用 AutoCAD 绘制出图形，也可用 U 盘或移动硬盘等导入 CAD 矢量图，必须是 dwg 格式。本例中绘制老虎的图形（绘图方法省略），为了能够一次性加工出来，虎形图必须是"一笔画"，如图 12-5 所示。

2）用鼠标单击画面左上第四行第一个菜单（生成加工轨迹菜单），出现补偿值参数输入画面，如图 12-6 所示。

3）输入补偿值参数（钼丝半径+放电间隙值）后，偏移方向（左偏移或右偏移）可任选，一种偏移方向对应着唯一的一个加工方向（顺时针或逆时针）。本例中取补偿值为 0，则可任意选择偏移方向，单击【确定】按钮，左下角提示框出现"请输入穿丝点坐标"，如图 12-7 所示。

图 12-5　CAD 虎

图 12-6　补偿值参数

图 12-7　确定穿丝点坐标

4）所谓"穿丝点坐标"，即加工的起点坐标，也是加工程序的坐标原点。一般该点定在图形中的某一个最大位置点，或稍大于最大位置点 0.5~1mm 处。我们将穿丝点定在图形最左侧处，用鼠标单击，此时左下角提示框出现"请输入切入点坐标"，如图 12-8 所示。

5）切入点坐标即开始切入图形点的坐标，必须是图形上的点。在本例中，我们将切入点和穿丝点重合，用鼠标点击此点确定。此时左下角提示框出现"请选择加工方向"，如图 12-9 所示。

图 12-8　确定切入点坐标

图 12-9　选择加工方向

6）在图 12-9 中图形的切入点上出现了一对红绿色的反向箭头，其中绿色箭头代表加工方向。而红色和绿色方向的箭头可以互换，当鼠标的光标靠近那个箭头时，该箭头为绿色，所指方向为加工方向，而靠远些的那个箭头为红色。加工方向的选择与偏移方向有关，如果是左偏移，则选择顺时针方向；如果是右偏移，则选择逆时针方向。本例中，由于选择了无偏移，则顺时针方向和逆时针方向皆可。用鼠标选定加工方向后，此时图形变成了紫红色，如图 12-10 所示。

7）在图 12-10 中，用鼠标单击画面左上第 4 行第 4 个菜单（发送加工任务），出现选卡画面框，有四个选项：1 号卡是加工选项，即把加工程序放入 1 号卡内；虚拟卡是不加工，仅演示模拟加工路径，即把加工程序放入虚拟卡中；保存 TSK 文件，即把加工程序以 TSK 文件格式保存；输出 3B 文件，即把加工程序以 3B 文件格式输出，如图 12-11 所示。

图 12-10    发送加工任务

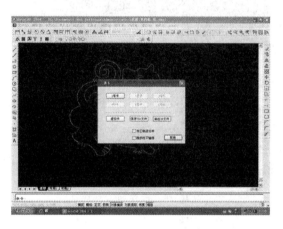

图 12-11    选择 1 号卡

8）在图 12-11 中，用鼠标选择点击 1 号卡，左下角提示框出现"选择对象"文字，用方框将图形围起，如图 12-12 所示。

9）确定选择对象后，进入加工页面，如图 12-13 所示。选择右侧"开始加工"菜单（或按键 F3），出现加工选择框，如图 12-14 所示。

10）选择合适的加工方式后，单击【确认】按钮，出现实时加工画面，如图 12-15 所

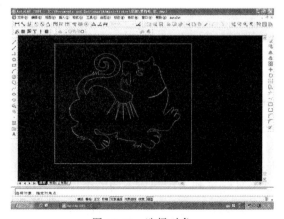

图 12-12    选择对象

图 12-13    进入加工页面

示。X、Y 坐标参数在不断变化，表示正在切割加工点的坐标参数值，即图案中运动线条前端的红色箭头坐标位置；U、V 坐标参数表示锥度切割时，上丝架上的小型工作台 U、V 两个数控轴的运动坐标参数值，本例中由于是无锥度切割，故 U、V 坐标参数为零；已用时间代表从开始加工到现在所花费的时间，剩余时间代表从现在到完成加工任务所需要的时间，当然这是一个实时数据，它会随着加工实际情况的变化而变化；打开文件（F2）表示可以调取 TSK 文件进行加工；暂停加工（F3）表示可以在加工过程中暂停加工程序运行；电动机（F6）表示控制工作台运动的步进电动机开关可接通、断开互换；高频（F7）表示控制高频电源通、断开关；加工限速和空走限速可根据实际情况进行调整。

图 12-14　选择加工方式

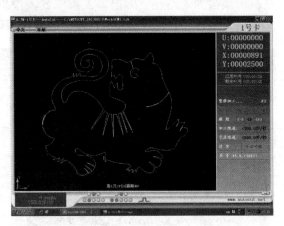

图 12-15　实时加工画面

## 12.5　电火花线切割加工的操作

### 12.5.1　影响线切割加工工艺的指标

#### 1. 切割速度

单位时间内电极丝切过的工件截面面积称为切割速度。单位为 $mm^2/min$。影响切割速度的主要原因有：

（1）电极丝的线速度　在一定范围内（快走丝线切割机床小于 10m/s），电极丝的速度越快，线切割加工的切割速度也越快。

（2）工件材料的厚度和种类　当工件厚度在 50mm 以下时，切割速度随厚度的增加而增加；当工件厚度达到最大值（一般为 50~100mm）后，切割速度就开始下降，原因是厚度过大时，冲液和排屑更困难。工件材料不同，切割速度也不同，按切割速度大小排列为：铝、铜、钢、铜钨合金、硬质合金。

（3）工作液　快走丝线切割机床一般使用乳化油或乳化膏和水按一定比例配制成工作液，而加工不同的材料，也应用不同牌号的乳化油或乳化膏和水配制成不同的工作液。

（4）电极丝的张力　电极丝的张力大一些，抖动就会小一些，加工稳定性也好些，自然切割速度也会快一些。

（5）脉冲电源

1）脉冲宽度 $t_i$ 加大时切割速度也提高，但表面质量会变差。

2）脉冲间隔 $t_o$ 加大时切割速度减小。

### 2. 表面粗糙度

我国和欧洲通常用算术平均偏差 $Ra$（μm）来表示表面粗糙度，快走丝线切割机床一般加工的粗糙度为 $Ra6.3 \sim 3.2$μm，最高只有 $Ra0.8$μm 左右；而慢走丝线切割机床一般可达 $Ra1.6$μm。

### 3. 加工精度

加工精度是指加工工件的尺寸精度、形状精度和位置精度的总称。快走丝线切割机床的加工精度为 $0.01 \sim 0.02$mm，而慢走丝线切割机床加工精度一般可达 $0.002 \sim 0.005$mm。

## 12.5.2　切割加工前的准备

### 1. 线切割机床的准备（以 DK7732E 线切割机床为例）

1）检查机床导轨和传动丝杆处的润滑情况，用润滑泵或手动加油枪加润滑油，检查乳化油箱及其回油管的位置是否正确。

2）合上控制柜总电源开关（控制柜侧面），按下电脑主机开关（SD2），进入系统主屏幕。打开 AutoCAD2004，绘制好图形，点击【生成加工轨迹】菜单，输入【补偿值】，选择丝孔位置生成加工轨迹。点击【发送加工任务】菜单，选择"1号卡"，点击【开始加工】按钮或按<F3>。

### 2. 确定起始切割点

电火花线切割加工的零件大部分是封闭图形，因此切割的起始点也是切割加工的终点，为了减少工件切割表面的残留切痕，应尽可能把起点选在切割表面的拐角处，或选择在精度要求不高的表面上，或在容易修整的表面上。

### 3. 切割路线的确定

在整体材料上加工时，材料边角处的变形较大，因此在确定切割路线时，应尽量避开坯料的边角处。合理的切割路线应使工件与其夹持部分分离的切割段安排在切割程序末端。

### 4. 工件的装夹

工件的装夹方式对加工精度有直接影响。常用夹具有压板夹具、磁性夹具和分度夹具等。工件安装前，首先要确定基准面，基准面应清洁无毛刺，工件上必须留有足够的夹持余量；对工件的夹紧力要均匀，不得使工件变形或翘起。要注意夹具在加工时不得与丝架相碰。工件装夹完毕要检查电极丝的位置是否正确，特别注意电极丝是否在导轮槽内。

### 5. 调整

加工前要进行如下调整：

1）电极丝与工件装夹台面必须垂直，可采用矫正尺、矫正杯或光学矫正器进行矫正。使用矫正尺、矫正杯时，应将矫正工具慢慢移至电极丝，目测电极丝与矫正工具的上下间隙是否一致，或减小能量脉冲电流，根据上下是否同时放电来确定电极丝的垂直度。使用光学矫正器时，可通过观察上下指示灯是否同时亮来对电极丝的垂直度进行调整。

2）脉冲电源参数的调整　电参数主要有脉冲宽度、脉冲间隔、功率管数、脉冲电压和峰值电流等。表 12-1 为推荐参数设置。

表 12-1　推荐参数设置

| 工件厚度 /mm | 脉冲宽度 $t_i$ /μs | 脉冲间隔 $T_o(t_o/t_i)$ | 功率管数 /n | 峰值电流 /A |
|---|---|---|---|---|
| <15 | 5 | 11~15 | 2~4 | 1~3 |
| 20~30 | 10 | 11~15 | 4~8 | 1~3 |
| 30~50 | 10~30 | 11~15 | 6~10 | 2~3 |
| 50~80 | 30~50 | 11~15 | 6~12 | 2~4 |
| 80~120 | 50~60 | 10~14 | 8~12 | 2.5~4 |
| 120~200 | 60~80 | 10~14 | 8~12 | 2.5~4 |
| 200~400 | 80~100 | 10~14 | 8~12 | 2.5~4 |
| 400~600 | 100~120 | 10~14 | 8~12 | 2.5~4 |

3）进给速度的调整　调节进给速度本身并不具有提高加工速度的能力，其作用是保证加工的稳定性。适当的进给速度，可保证加工稳定地进行，获得好的加工质量。

4）走丝速度的调整　电极丝走丝速度与电极丝的冷却、切缝中的排屑均有关。对于不同厚度的工件应选择合适的走丝速度，工件越厚，走丝速度应越快。

**6. 按下运丝电动机开按钮、水泵电动机开按钮**

用鼠标点击【确定】按钮（或按<Enter>键）切割，机床即开始正常切割至加工完毕，自动停机（电极丝运转电动机和水泵）。

## 12.5.3　电火花线切割加工的安全技术规程

1）操作者必须熟悉机床操作规程，开机前应检查各连线是否接触良好，电网供电是否正常，并应按设备润滑要求对设备相对运动部位进行润滑，润滑油必须符合设备说明书要求。

2）要注意开机的顺序，先开运丝电动机，再开工作液泵，最后开高频。

3）装卸钼丝时操作贮丝筒后，应及时将手摇柄拔出，防止贮丝筒转动时将手摇柄甩出伤人；换下来的废旧钼丝要放在规定的容器内，防止混入电路中和走丝机构中，造成电器短路、触电和断丝事故。

4）装卸工件时，一定要断开高频电源，以防触电。在装卸过程中千万注意不要用手、工具、夹具、工件等物件碰到钼丝，以防止碰断钼丝；加工工件前，应确认工件位置已安装正确，防止碰撞丝架和因超行程撞坏丝杆、螺母等传动部件。

5）加工中，如要改变电源参数，一定要在钼丝换向时间内操作。

6）在停走丝电动机时，一定要在丝筒有效行程内方可停走丝电动机，以防止电动机移动拉断钼丝；在正常停机情况下，一般把钼丝停在走丝筒的一边，防止不小心碰断钼丝，而造成全筒钼丝废掉。

7）机床打开高频电源后，不可用手或手持金属工具同时接触加工电源的两输出端（床身与工件）防止触电；紧急情况下，关走丝机构电源，即达到机床总停的目的；禁止用湿手、脏手按开关或接触计算机操作键盘、鼠标等电器设备。

## 思　考　题

1. 简述数控线切割机床的加工原理。
2. 电火花线切割加工主要应用于哪些领域？
3. 电火花线切割加工机床由哪几部分组成？
4. 电火花数控线切割加工的工艺指标有哪些？

# 13

# 3D打印

【训练目的和要求】

1. 了解 3D 打印的基本原理。
2. 了解 3D 打印机的类型和名称。
3. 熟练使用 3D 打印机。

## 13.1 概述

### 1. 发展历史

3D 打印（3DP）是一种具有划时代意义的数字革命的产物。该技术出现大概在 20 世纪 70 年代，真正意义上的商业产品出现在 20 世纪 90 年代中期。经过近 30 年的高速发展，该技术已经具备了初步的大规模商业应用的条件，已经逐渐渗透到各行业的研发和生产环节中。19 世纪末，美国研究出了的照相雕塑和地貌成形技术，随后产生了打印技术的 3D 打印核心制造思想。20 世纪 80 年代前，三维打印机数量很少，大多集中在"科学怪人"和电子产品爱好者手中。主要用来打印像珠宝、玩具、工具、厨房用品之类的东西。甚至有汽车专家打印出了汽车零部件，然后根据塑料模型去订制真正市面上买到的零部件。

1979 年，美国科学家 RF Housholder 获得类似"快速成型"技术的专利，但没有被商业化。

1986 年，美国科学家 Charles Hull 开发了第一台商业 3D 印刷机。

1993 年，麻省理工学院获 3D 印刷技术专利。

1995 年，美国 ZCorp 公司从麻省理工学院获得唯一授权并开始开发的 3D 打印机。

2005 年，市场上首个高清晰彩色 3D 打印机 Spectrum Z510 由 ZCorp 公司研制成功。

### 2. 打印原理

3D 打印是一种增材制造的技术手段，该技术的核心理论是对要加工的物体进行数字化离散，转换成一层层的薄片数据。制造的时候，无论是什么形状的物体，最终都是由最底层开始加工，由底向上，逐层逐层的堆积，将零件成形。该技术的特点是对于零件的复杂程度适应性广，几乎任何复杂的物体都可以制作。

### 3. 应用领域

3D打印技术经过近30年的快速发展，目前，其应用领域已经涵盖了航空航天、军工、医疗、机械制造、汽车及汽车改装、生活消费品等行业的研发和生产过程。

3D打印产品的主要应用范畴是两大类产品：一是形状复杂但是需求量不大的产品，例如产品研发过程中的一些样板产品、飞行器起落架等。二是订制类的产品，譬如医疗康复行业中，针对不同患者的订制辅助康复器具，考古行业中对于文物修复过程所需要的补充物体。

## 13.2　3D打印的基本使用流程

3D打印是典型的数字化制造过程，使用流程分为获取数据、数据切片、导入数据三大步骤。获取数据的过程目前有两种基本的方法：①直接使用三维扫描的设备，采集现实存在的物体，形成STL的网格数据，进行优化数据；②使用三维建模软件，对被加工对象进行三维建模，再转换成STL数据。数据切片的过程，根据不同的机型会使用不同的切片软件进行数据切片，切片的内容包括零件切片、辅助支撑以及零件内部支撑（填充），如图13-1所示。在效率和精度之间作出平衡，选择合适的切片厚度和不同类型的支撑形式。最后导入数据也是根据不同的机器类型选择U盘导入或在线联网导入。

切片　　　　　　　　支撑　　　　　　　　填充

图 13-1　切片数据的分类

## 13.3　3D打印的类型

3D打印机器从最初的纸质材料，经过近30年的发展，目前主流的机器类型依据打印材料的划分主要有塑料、金属、树脂类的三大类型机器。按照成形方法可以分为以下几类，见表13-1。

表 13-1　3D打印的类型

| 类型 | 累积技术 | 基本材料 |
| --- | --- | --- |
| 挤压 | 熔融沉积式（FDM） | 热塑性塑料,共晶系统金属、可食用材料 |
| 线 | 电子束自由成形制造（EBF） | 几乎任何合金 |
| 粒状 | 直接金属激光烧结（DMLS） | 几乎任何合金 |
| | 电子束熔化成型（EBM） | 钛合金 |
| | 选择性激光熔化成型（SLM） | 钛合金,钴铬合金,不锈钢,铝 |
| | 选择性热烧结（SHS） | 热塑性粉末 |
| | 选择性激光烧结（SLS） | 热塑性塑料、金属粉末、陶瓷粉末 |
| 粉末层喷头3D打印 | 石膏3D打印（PP） | 石膏 |
| 层压 | 分层实体制造（LOM） | 纸、金属膜、塑料薄膜 |
| 光聚合 | 立体平板印刷（SLA） | 光硬化树脂 |
| | 数字光处理（DLP） | 光硬化树脂 |

## 13.4 常见 3D 打印机的工作成形过程

### 13.4.1 FDM 打印机成形过程

高温喷头将塑料丝加热至融化状态，送料齿轮将融入塑料从喷头里挤出来，按照切片的形状轨迹移动，边移动边挤出塑料，塑料离开喷头后冷却凝固，一层一层黏结在一起，直至成形，如图 13-2 所示。

### 13.4.2 SLA 机器成形过程

利用光敏树脂对于特定波长光的光敏特性进行成形。成形过程中机器控制激光的焦点按照切片数据的轨迹由底向上逐层照射树脂槽里的液态光敏树脂。被焦点照射过的树脂会瞬间凝固，凝固树脂会粘结在工作平台上，然后平台下降，再照射第二层，以此类推，逐层照射，层层粘结，如图 13-3 所示。

图 13-2　FDM 打印机原理图

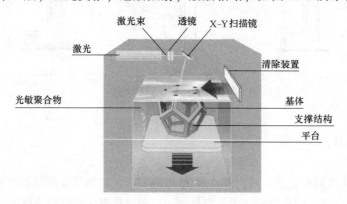

图 13-3　SLA 打印机示意图

## 13.5 常见打印机的操作过程

**1. 软件安装**

切片软件程序 CURA，目录在 SD 卡，<软件>→<WIN>（苹果的电脑选择文件夹 mac）：
 ChiYi_17.08.23_Nt 。双击鼠标运行 CURA  ChiYi_17.08.23_Nt 软件安装包，按软件提示操作，安装组件时需要注意，如果在使用 CURA 时，需要打开 OBJ 和 AMF 文件，那么需要在安装的时候勾选对应的组件，安装界面如图 13-4 所示。

1）可根据自己打印的需求进行勾选，然后单击【install】按钮继续下一步安装，如
① Install Arduino Drivers。安装 arduino 驱动。

② Open STL files with Cura。用 cura 打开 STL 文件的组件。

③ Open OBJ files with Cura。用 cura 打开 OBJ 文件的组件。

④ Open AMF files with Cura。用 cura 打开 AMF 文件的组件。

2）安装过程中会弹如图 13-5 的界面，这是需要装切片的驱动，单击【下一步】按钮，如果杀毒软件出现提示，请放心添加信任。

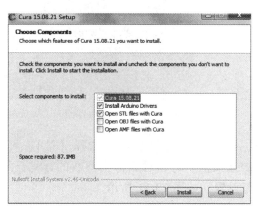

图 13-4 安装界面

图 13-5 安装界面过程

3）接下来单击完成选项，驱动安装完成，如图 13-6 所示。

4）接下来将会继续到切片软件的安装，等进度条完成后，点击【Next】按钮，如图 13-7 所示。

图 13-6 安装完成

图 13-7 切片软件安装

5）最后，单击【Finish】按钮，完成切片的安装，如图 13-8 所示。

6）安装完成后，软件会自动开启，就可以看到以下界面，如图 13-9 所示。

## 2. 快速打印

单击【专家配置】按钮，切换到"快速打印模式"。

1）快速打印。无需用户自己设置参数，所有的参数将根据需求设为相应的默认值，如图 13-10 所示，图中的选项包括【打印模式】、【材料】以及是否需要【打印支撑】。

图 13-8　完成安装

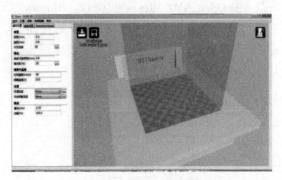

图 13-9　软件启动界面

2）完整模式打印。单击【专家配置】按钮，切换到"完整模式"，选择【是】，可以看到完整模式会出现各种参数，把鼠标放在参数的选项上，可以看到每个参数的详细介绍。可以根据显示的信息作为参考，对打印的参数进行设置，如图 13-11 所示。

图 13-10　快速打印模式

图 13-11　完整模式打印

3）基本设置

① 层厚：每一层丝的厚度，支持 0.05~0.3mm，推荐 0.1~0.2mm 取值。

效果：层厚越小，表面越精细，打印时间越长。

② 壁厚：模型外壁厚度，每 0.4mm 为一层丝，推荐 0.8~2.0mm 取值。

效果：壁厚越厚，强度越好，打印时间越久。

③ 允许反抽：打印的时候将丝回抽。

效果：如果不反抽会产生拉丝，影响成形效果。

④ 底部/顶部厚度。底部和顶部的厚度。

效果：如果打印模型出现顶部破孔，可以适当调大这个数值。

⑤ 填充率：0%为空心，100%为实心。

效果：减少填充可以节省打印时间，但影响强度。空心有时候会因为壁厚太薄，无法完成模型打印，适当的填充有时候是必要的。

⑥ 打印速度：推荐 40~60mm/s。效果：适当的调低速度，让打印的时候有足够的冷却

时间，可以让模型打印得更好。

⑦ 打印温度：打印时挤出头的温度，ABS 推荐 210~230℃，PLA 推荐 190~220℃。

效果：如果温度太低则无法挤出，会卡住造成出丝不畅。

⑧ 热床温度：ABS 推荐 90~100℃，PLA 推荐 60~70℃。

效果：温度太低，耗材黏性不够，会造成粘不紧，出现翘边的情况。

⑨ 支撑类型：打印的过程中因为有悬空，丝会因为重力作用掉下来，所以需要添加支撑，但是不是所有的悬空都需要支撑。系统提供 3 种选项，分别是，None：无支撑；Touching buildplate：外部支撑，在模型有外部悬空的地方增加支撑，内部不添加支撑；Everywhere：在模型任何悬空的地方都添加支撑，包括模型内部。

效果：模型如果悬空则需要添加支撑，不添加支撑的话悬空地方打印丝会掉下来。

⑩ 平台附着类型。增加一个底座，可以让打印的模型粘得更紧。系统提供 3 个选项，分别是，None：不添加底座；Brim：加厚底座，并在周围增加附着材料；Raft：网状的底座。

效果：添加底座可以让平台粘得更紧，Raft 类型底座更省材料。

⑪ 直径：耗材直径，一般直径为 1.75mm。

⑫ 流量：打印时丝的流速。

效果：直径和流量这 2 个参数是配合使用的。直径越大，出丝越慢，流量越大，出丝越快。

## 13.6  训练项目

掌握扫描仪器的使用方法，把相应的零件扫描成点云数据；掌握 Geomagic 软件对扫描的数据进行处理的方法，变成完整的网格数据；掌握 3D 打印切片软件的使用方法，能根据零件外形选合适的切片方法和切片精度；掌握 FDM 机器的基本操作方法（校准、装料、常见故障排除）。

## 思　考　题

1. 3D 打印机的算法原理是什么？

2. 3D 打印机的使用基本流程是什么？关键操作过程在哪里？

3. 3D 打印机的常见种类有哪些？

4. 如何选择合适的 3D 打印机进行零件加工，选择依据有哪些？

# 电类基础知识认知

**【训练目的和要求】**

1. 了解日常生活安全用电的注意事项。
2. 了解电学相关的常识及部分重要知识的技术参数。
3. 通过对智能家居的认知从而了解当代电子技术发展的现状。
4. 了解基本的电子元器件及电子产品的焊接工艺。

## 14.1　电使用的意义

众所周知，电的发明与使用是人类社会发展的重要部分，也是人类生活不可或缺的一部分。我们的衣食住行都离不开电，它给我们生活带来了许多便利。然而电也是一把双刃剑，电的使用稍有不当就会出现事故，对人和环境都会带来危害。

## 14.2　日常生活安全用电注意事项

1）不要购买"三无"的假冒伪劣产品。电的使用都是有标准的，因此所有的电器都会有对应的使用参数，不达标的产品会对使用者存在重大的安全隐患。

2）不用手或导电物（如铁丝、钉子、别针等金属制品）去接触、探试电源插座或用电器内部。

3）使用家电时应有完整可靠的电源线插头。对有金属外壳的家用电器必须采用接地保护。

4）不要在一个多口插座上同时使用多个用电器。电器同时使用时会导致插座总电流的上升，超负荷运行会使导线发热，从而烧坏绝缘皮产生事故。

5）不用湿手触摸电器，不用湿布擦拭电器。避免在潮湿的环境（如浴室）下使用电器，更不能让电器淋湿、受潮或在水中浸泡，以免漏电，造成人身伤亡。不要私拉乱接电线，不要随便移动带电设备。

6）灯泡或电吹风机、电饭锅、电熨斗、电暖器等电器在使用时会发出高热，应注意将它们远离纸张、棉布等易燃物品，防止火灾。

7）检查和修理家用电器时，必须先断开电源。若家用电器的电源线出现破损，要立即更换或用绝缘布包扎好。

8）不随意拆卸、安装电源线路、插座、插头等。插拔电源插头时不要用力拉拽电线，以防止电线的绝缘层受损造成触电。

9）家用电器或电线发生火灾时，应先断开电源再灭火。不断电就处理事故，很容易造成二次事故发生。

10）若发现有人触电，要立即关闭电源，或者用干木棍或其他绝缘物将触电者与带电导体分开，不要用手去直接救人。

## 14.3　家用配电的知识点及参数

1）家庭用电为交流电，交流电就是大小和方向随时间作有规律变化的电信号，呈正弦波形态，而电池供电的属于直流电。交流电和直流电的波形如图 14-1 所示。

2）我国家庭用电为单相交流电，额定电压（即火线与零线间的电压）为 220V，频率为 50Hz。火线为红色，零线为蓝色，地线是黄绿色。我国工厂用电为三相交流电，线电压（即两根火线间的电压）为 380V。三根火线分别为黄色、绿色、红色，中性线为蓝色，地线是黄绿色。单相电与三相电的关系如图 14-2 所示。

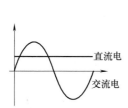

图 14-1　交流电与直流电的波形

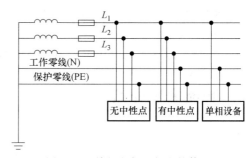

图 14-2　单相电与三相电的使用

3）空气开关和漏电保护器，空气开关又名空气断路器，是一种只要电路中电流超过额定电流就会自动断开的开关。除能完成接触和分断电路外，还能对电路或电气设备发生的短路、严重过载及欠电压等进行保护。漏电保护器，简称漏电开关，主要是用来在设备发生漏电故障时以及对有致命危险的人身触电保护，具有过载和短路保护功能。空气开关与漏电保护器可组合在一起作为一个部件使用。

4）导线。家用配电使用的导线规格（按线芯的直径表示）一般有：1.5mm²、2.5mm²、4mm²、6mm²、10mm²。配电时，普通插座一般用 2.5mm²；开关与灯具一般用 1.5mm²；空调用 4mm²；总电源线用 10mm²。

5）导线越粗，过电流的能力就越大。通常按经验公式来估计导线的截面积。铜导线面积等于计算负荷千瓦数乘 0.65，选择大于或等于乘积得数的规格值为导线的截面积。例如：估计 3500W 空调的导线截面积。千瓦数 3.5kW×0.65＝2.275kW，选择 2.5mm² 铜线。

6）插座的安装方式为左零右火；照明开关必须接在火线上。如果将照明开关装设在零线上，虽然断开时电灯也不亮，但灯头的相线仍然是接通的，维修时容易造成触电。室内配电布线如图 14-3 所示。

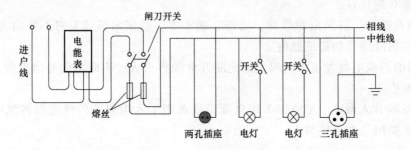

图 14-3　室内配电布线

7）不同国家及地区的插座规格不一样。我国现在使用的是 2017 年开始执行的新国标 GB/T 2099.8—2017，新国标插座为三扁孔 + 两扁圆组合在一起，电线加粗并强制要求插座插孔设置保护门，如图 14-4 所示。

8）36V 以下的电压为安全电压。

9）2012 年起，我国逐步实行阶梯电价的收费方式。

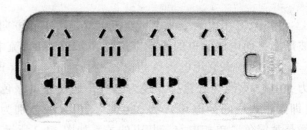

图 14-4　新国标插座

10）空调、电热水器等用电器所标注的额定功率一般为全功率运行时的输出功率。

## 14.4　智能家居介绍

近年来，随着电子科技与互联网技术的发展，特别是人工智能领域的革命性突破，给人类社会带来了翻天覆地的变化。首当其冲的是智能机器人、无人驾驶、移动互联、智能家居等领域的发展。而智能家居覆盖面较广，由传感器系统、智能控制系统、监控系统和远程交互系统等构成，涵盖的技术包括综合布线技术、网络通信技术、安全防范技术、自动控制技术和音视频技术等。以智能家居为例，展开阐述各个系统，从而介绍部分电子相关的基础知识点。智能家居系统整体框架如图 14-5 所示。

### 14.4.1　传感器部分介绍

要实现家居监控的智能化，首先要对整个居家环境了如指掌。例如温度、湿度、空气质量，室内有无人员活动，有无额外因素会产生爆炸或火灾等风险等。电气系统对目标空间对象的感知主要是依靠传感器。

传感器（英文名称：Transducer/Sensor）为一种检测装置，能感受到被测量的信息，并能将感受到的信息，按一定规律变换为电信号或其他所需形式的信息输出，以满足信息的传输、处理、存储、显示、记录和控制等要求。传感器的特点包括：微型化、数字化、智能

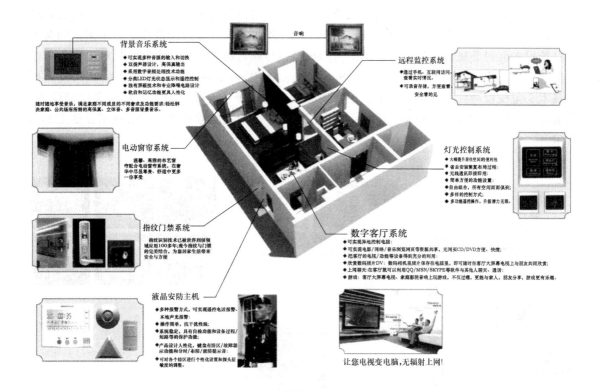

背景音乐系统
◆可实现多种音源的输入和切换
◆双扬声器设计，高保真输出
◆采用数字音频处理技术功能
◆分类LED灯光状态显示和遥控控制
◆独有屏蔽技术和专业降噪电路设计
◆软启和记忆功能更具人性化

随时随地享受音乐，满足家庭不同成员的不同需求及功能要求：轻松解决家庭、公共场所所需的高保真、立体声、多音源背景音乐。

电动窗帘系统
温馨、高雅的布艺窗帘配合电动窗帘系统，在奢华中尽显尊贵、舒适中更多一份享受

指纹门禁系统
指纹识别技术已被世界刑侦领域用100多年；现今指纹与门锁的完美结合，为您打造生活带来安全与方便

液晶安防主机
◆多种报警方式，可实现遥控电话报警、本地声光报警；
◆操作简单，抗干扰性强；
◆系统稳定，具有自检功能和设备过程/短路等的保护功能。
◆产品设计人性化，键盘有防区/故障器示功能和分区/布防/撤防提示音；
◆可对各个防区进行个性化设置和探头灵敏度的调整。

音响

远程监控系统
◆通过手机、互联网访问，查看家里实时情况。
◆可录音存储，方便查看安全看的见

灯光控制系统
◆大幅提升居住空间的便利性
◆省去安装繁复布线过程：
◆无线通讯即接即用：
◆简单方便的功能设置：
◆自由组合，所有空间可面面俱到；
◆多样的控制方式；
◆多功能遥控操作，升级潜力无限。

数字客厅系统
◆可实现异地控制电脑；
◆可实现电影/网络/微博网页等资源共享，无网看CD/DVD方便、快捷；
◆把客厅的电视/功能等设备得到充分的利用。
◆欣赏数码照片DV：数码相机里留存的生活剪影，即可用在客厅大屏幕电视上与朋友共同欣赏；
◆上网聊天：在客厅就可以利用QQ/MSN/SKYPE等软件与其他人聊天、通话；
◆游戏：客厅大屏幕电视、家庭影院音响玩游戏，不仅过瘾，更能与家人、朋友分享，游戏更有乐趣。

让您电视变电脑，无辐射上网！

图 14-5　智能家居系统整体框架

化、多功能化、系统化、网络化。它是实现自动检测和自动控制的首要环节。通常根据其基本感知功能分为热敏元件、光敏元件、气敏元件、力敏元件、磁敏元件、湿敏元件、声敏元件、放射线敏感元件、色敏元件和味敏元件等十大类。

以热红外人体感应器为例，实物图如图 14-6 所示。普通人体会发射 $10\mu m$ 左右的特定波长红外线，用专门设计的传感器就可以针对性地检测这种红外线存在与否，当人体红外线照射到传感器上后，因热释电效应将向外释放电荷，后续电路经检测处理后就能产生控制信号。这种专门设计的探头只对波长为 $10\mu m$ 左右的红外辐射敏感，所以除人体以外的其他物体不会引发探头动作。探头内包含两个互相串联或并联的热释电元件，而且制成的两个电极方向正好相反，环境背景辐射对两个热释元件几乎具有相同的作用，使其产生

图 14-6　热红外人体感应器

释电效应相互抵消，于是探测器无信号输出。一旦人侵入探测区域内，人体红外辐射通过部分镜面聚焦，并被热释电元件接收，但是两片热释电元件接收到的热量不同，热释电也不同，不能抵消，于是输出检测信号。

## 14.4.2　监控部分介绍

安防监控系统是应用光纤、同轴电缆或微波在闭合环路内传输视频信号，并从摄像到图像显示和记录构成独立完整的系统。它能实时、形象、真实地反映被监控对象，不但极大地

延长了人眼的观察距离，而且扩大了人眼的机能，它可以在恶劣的环境下代替人工进行长时间的监视，让人能够看到被监视现场实际发生的一切情况，并通过录像机记录下来。同时报警系统设备会对非法入侵进行报警，产生的报警信号输入报警主机，报警主机触发监控系统录像并记录。视频安防监控系统 Video Surveillance & Control System（VSCS）指利用视频探测技术、监视设防区域并实时显示、记录现场图像的电子系统或网络。主要包含前端设备、传输设备、处理/控制设备和记录/显示设备四部分。普通视频监控系统的组成部分如图 14-7 所示。

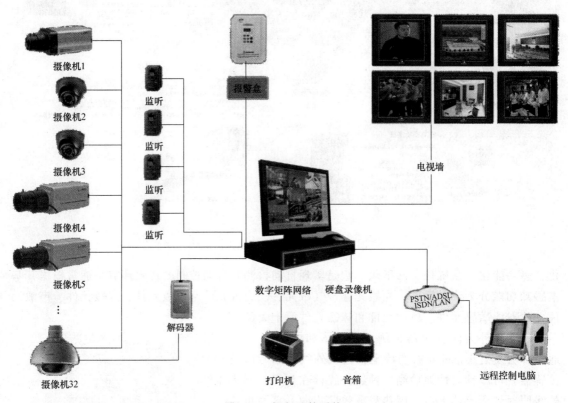

图 14-7　视频监控系统

### 14.4.3　控制部分（本地控制和远程控制）介绍

智能家居的控制部分就是本地控制与远程控制相结合。本地控制的对象主要有：智能照明，电器控制，家庭背景音乐，对讲系统，视频监控，防盗报警，电锁门禁，智能遮阳（电动窗帘），暖通空调系统，太阳能与节能设备，自动抄表，智能家居软件，家居布线系统，家庭网络，厨卫电视系统，运动与健康监测，花草自动浇灌，宠物照看与动物管制等。而远程控制则通过移动网络与智能家居局域网的连接通信，从而达到远程控制的目的。

智能家居的本地控制是基于物联网的思路进行的，可以用有线的方式和无线的方式进行。有线通信的速度稳定，信号可靠，抗干扰能力强，并不会产生辐射；而无线通信虽然易受干扰，但能突破空间的限制，扩展简易，布局灵活。由于无线通信技术的不断发展，通信的稳定性不断提高，抗干扰能力也逐步增强，因此，现代的智能家居系统大多采用无线的方式搭建，智能家居的控制部分如图 14-8 所示。

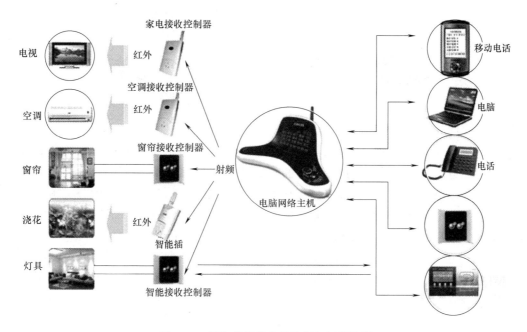

图 14-8　智能家居的本地控制与远程控制

# 14.5　各种基本电子元器件介绍

电子电路中常用的器件包括：电阻、电容、二极管、晶体管、各种传感器、芯片、继电器等。元器件的种类很多，每一类的元器件随着参数、制作工艺、应用领域等差异又会有不一样的形态。

（1）电阻　电阻器，通常简称为电阻。电阻几乎是任何一个电子线路中不可缺少的一种器件，顾名思义，电阻的作用是阻碍电子的作用。在电路作用是缓冲、负载、分压分流、保护等作用。电阻的符号 $\Omega$，读作欧姆，常见的电阻有碳膜电阻、金属氧化皮膜电阻、绕线电阻、水泥型绕线电阻器等。常用的电阻器如图 14-9 所示。

图 14-9　常见的电阻器

（2）电位器　由电阻体和可移动的电刷组成的可按某种变化规律调节的电阻元件可称为电位器，在电路中，常用电位器来调节电阻值或电压。电位器有线绕电位器、合成型碳膜电位器、合成实芯电位器等。如图 14-10 所示。

图 14-10　常见的电位器

（3）电容　电容器在电子仪器设备中也是一种必不可少的基础元件，它的基本结构是在两个相互靠近的导体之间敷一层不导电的绝缘材料（介质）。电容器是一种储能元件，储存电荷的能力用电容量来表示，基本单位是法（拉），以 F 表示。电容器的分类很多，按结构可分为：固定电容器、可变电容器和半可变电容器；按材质和使用介质又可分为瓷介电容和电解电容。常用的电容器如图 14-11 所示。

（4）二极管　二极管是一种具有单向传导电流的电子器件。在半导体二极管内部的 PN 结有两个引线端子，这种电子器件按照外加电压的方向，具备单向电流的传导性。按功能用途分整流二极管、检波二极管、开关二极管、稳压二极管、变容二极管、双色二极管、发光二极管、光敏二极管、压敏二极管和磁敏二极管等。常用的二极管如图 14-12 所示。

图 14-11　常见的电容器

图 14-12　常见的二极管

（5）晶体管　晶体管是一种控制电流的半导体器件，其作用是把微弱信号放大成幅度值较大的电信号，也用作无触点开关，后用作三个引脚的放大器件的统称。晶体管是半导体基本元器件之一，具有电流放大作用，是电子电路的核心元件。常用的晶体管如图 14-13 所示。

图 14-13　常见的晶体管

（6）芯片  芯片，英文为 Chip，一般是指集成电路的载体。所谓集成电路（英文缩写为 IC），就是在一块极小的硅单晶片上，利用半导体工艺集成许多晶体二极管、晶体管及电阻等元件，并连接成能完成特定电子技术功能的电子电路。我们通常说电脑里面的中央处理器 CPU，它就是一块超大规模的集成电路。常见的芯片如图 14-14 所示。

图 14-14  常见的芯片

# 14.6  电烙铁焊接操作

实验操作主要围绕电烙铁焊接电路的方式进行，可实现简单的电路搭建焊接、导线成形焊接、电路设计制造等。电烙铁是电子制作和电器维修的必备工具，主要用途是焊接元件及导线，按机械结构可分为内热式电烙铁和外热式电烙铁，按功能可分为无吸锡电烙铁和吸锡式电烙铁，根据用途不同又分为大功率电烙铁和小功率电烙铁等。其焊接的效果与烙铁头的形状有着密切的联系。常用烙铁头形状如图 14-15 所示。烙铁头使用一段时间后，其表面会变得凹凸不平，而且氧化层严重，这种情况下需要修整。修整的方式就是将烙铁头拿下来，用细砂纸打磨。将烙铁头装好通电，烙铁沾上锡后在松香中来回摩擦；直到整个烙铁修整面均匀镀上一层锡。

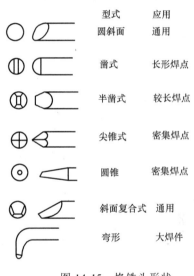

| 型式 | 应用 |
|------|------|
| 圆斜面 | 通用 |
| 凿式 | 长形焊点 |
| 半凿式 | 较长焊点 |
| 尖锥式 | 密集焊点 |
| 圆锥 | 密集焊点 |
| 斜面复合式 | 通用 |
| 弯形 | 大焊件 |

图 14-15  烙铁头形状

## 14.6.1  手工焊接的注意事项

手工焊接时首先应掌握好加热时间，即在保证焊料润湿焊件的前提下时间越短越好。其次是保持合适的温度，即保持烙铁头在合适的温度范围内。一般经验是烙铁头温度比焊料熔化温度高 50℃较为适宜。最后应注意不能使用烙铁对焊点加力加热，因为这样操作会造成被焊件的损伤，例如电位器、开关、接插件的焊接点往往都是固定在塑料构件上，加力容易造成元件失效。

## 14.6.2  手工焊接手法的练习步骤

初学者采用松香焊锡丝的焊接手法可分五步进行，如图 14-16 所示。
1）准备。认清焊点位置，烙铁头和焊锡丝靠近，处于随时可焊接的状态。
2）放上烙铁头。烙铁头放在工件焊点处，加热焊点。
3）熔化焊锡。焊锡丝放在工件上，熔化适量的焊锡。
4）拿开焊锡丝。熔化适量的焊锡后迅速拿开焊锡丝。

5）拿开烙铁头。焊锡的扩展范围达到要求后，拿开烙铁，注意撤离烙铁头的速度和方向。保持焊点美观。

### 14.6.3 焊点的质量检测

一个焊点的焊接质量，最主要的是要看它是否为虚焊，其次才是外观。但凭观察焊点的外表即可判断其内部的焊接质量。一个良好的焊点表面应该光洁、明亮，不得有拉尖、起皱、鼓气泡、夹渣、出现麻点等现象；其焊料到被焊金属的过渡处应呈现圆滑流畅的浸润状凹曲面。我们可以用穿孔插装工艺的焊点剖面来举例说明。如图 14-17 所示。

### 14.6.4 元器件引脚的成形与插装

元器件的安装方式分为卧式和立式两种。如图 14-18 所示。

卧式安装美观、牢固、散热条件好、检查辨认方便；立式安装节省空间、结构紧凑，往往在电路板安装面积受限时采用。无论是卧式安装还是立式安装，元器件引脚在安装前，都要根据焊盘孔之间的距离预先加工，即"成形"。未成形的元器件由于引脚间距与电路板上的焊盘孔距不匹配，会影响插入，也容易造成歪斜和其他故障。而成形过的元器件才能保证安装工作的质量和效率。元器件引线成形要注意以下几点：

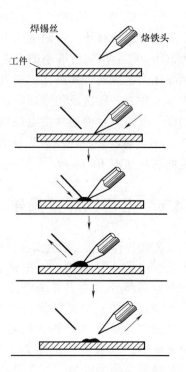

图 14-16　手工焊接的五步操作法

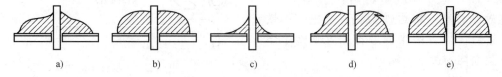

图 14-17　焊点剖面示意图

a）合格焊点　b）未浸润　c）焊锡太少　d）外表不光滑　e）焊锡松散

1）所有元器件引线均不得从根部弯曲。因为制造工艺上的原因，根部容易折断。一般应留 1.5mm 以上，并且要尽量将有字符的元器件面置于容易观察到位置。如图 14-19 所示。

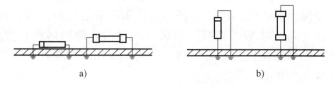

图 14-18　元器件在 PCB 板上的安装方式

a）元件的卧式安装　b）元件的立式安装

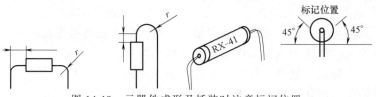

图 14-19　元器件成形及插装时注意标记位置

2）弯曲一般不要成死角，圆弧半径应大于引线直径的 1~2 倍。

3）考虑元器件的散热与拆下来后可循环使用，安装时一般采用悬空安装，悬空高度一般取 2~6mm。

## 14.6.5　导线焊接

导线焊接是电气焊接中的重要一环，也是对各部件进行电气连接生产中的一个重要工艺。导线焊接的步骤为：①去掉一定长度绝缘皮。②端子上锡，穿上合适套管。③绞合，施焊。④趁热套上套管，冷却后套管固定在接头处。导线间的连接方式如图 14-20 所示。

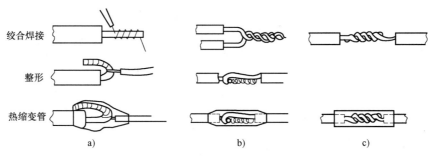

图 14-20　导线间的连接方式

a）粗细不等的两根线　b）相同的两根线　c）简化接法

几种接线焊接的例子如图 14-21 所示。

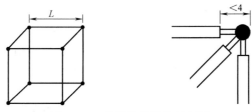

图 14-21　几种接线焊接的例子

# 思　考　题

1. 当人体触电时，触电感觉的强弱与什么有关？

2. 假设一个普通的插座有 50 位插孔，请问能同时给 50 部手机充电吗？为什么？

3. 现对教室的一组照明电路进行布线，使用一个开关控制，采用 1.5mm$^2$ 的聚氯乙烯绝缘铜线，灯管使用 45W 的荧光灯，如果不考虑电路里的瞬间状态并在保证安全的情况下，请问该组线最多能安装多少根灯管？

# 参 考 文 献

[1]  柳秉毅. 金工实习 [M]. 3 版. 北京：机械工业出版社, 2015.

[2]  黄明宇, 徐钟林. 金工实习 [M]. 4 版. 北京：机械工业出版社, 2019.

[3]  张木青, 宋小春. 制造技术基础实践 [M]. 北京：机械工业出版社, 2007.

[4]  马建民. 机电工程训练基础教程 [M]. 2 版. 北京：清华大学出版社, 2015.

[5]  郑勐, 雷小强. 机电工程训练基础教程 [M]. 北京：清华大学出版社, 2007.

[6]  毛志阳. 工程实训 [M]. 北京：北京航空航天大学出版社, 2015.

[7]  蔡安江, 孟建强. 工程技术实践 [M]. 北京：国防工业出版社, 2009.

[8]  张学政, 李家枢. 金属工艺学实习教材 [M]. 4 版. 北京：高等教育出版社, 2011.

[9]  王瑞芳. 金工实习 [M]. 北京：机械工业出版社, 2002.

[10]  朱华炳. 工程训练简明教程 [M]. 北京：机械工业出版社, 2016.

[11]  陈君若. 制造技术工程实训 [M]. 北京：机械工业出版社, 2003.

[12]  刘舜尧. 制造工程工艺基础 [M]. 长沙：中南大学出版社, 2010.

[13]  桂旺生. 数控铣工技能实训教程 [M]. 北京：国防工业出版社, 2006.

[14]  高琪. 金工实习教程 [M]. 北京：机械工业出版社, 2012.

[15]  杜晓林, 左时伦. 工程技能训练教程 [M]. 北京：清华大学出版社, 2009.

[16]  陈宏钧. 典型零件机械加工生产实例 [M]. 北京：机械工业出版社, 2005.

[17]  郑晓, 陈仪先. 金属工艺学实习教材 [M]. 北京：北京航空航天大学出版社, 2005.

[18]  黄纯颖. 机械创新设计 [M]. 北京：高等教育出版社, 2000.

[19]  赵玲. 金属工艺学实习教材 [M]. 北京：国防工业出版社, 2002.

[20]  吴红梅. 数控车工技能实训教程 [M]. 北京：国防工业出版社, 2006.

[21]  齐乐华. 工程材料及成形工艺基础 [M]. 西安：西北工业大学出版社, 2002.

[22]  汤酞则. 材料成形技术基础 [M]. 北京：清华大学出版社, 2008.

[23]  刘镇昌. 制造工艺实训教程 [M]. 北京：机械工业出版社, 2006.

[24]  苏本杰. 数控加工中心技能实训教程 [M]. 北京：国防工业出版社, 2006.

[25]  杨伟群. 数控工艺员培训教程 [M]. 北京：清华大学出版社, 2002.

[26]  徐衡. FANUC 数控铣床和加工中心培训教程 [M]. 北京：化学工业出版社, 2008.

[27]  孙竹. 数控机床编程与操作 [M]. 北京：机械工业出版社, 1996.

[28]  林建榕, 王玉, 蔡安江. 工程训练（机械）[M]. 北京：航空工业出版社, 2005.

[29]  金禧德. 金工实习 [M]. 2 版. 北京：高等教育出版社, 2002.

[30]  吴鹏, 迟剑锋. 工程训练 [M]. 北京：机械工业出版社, 2005.

[31]  周世权, 杨雄. 基于项目的工程实践 [M]. 武汉：华中科技大学出版社, 2011.

[32]  孙以安, 鞠鲁粤. 金工实习 [M]. 上海：上海交通大学出版社, 1999.

[33]  左敦稳. 现代加工技术 [M]. 北京：北京航空航天大学出版社, 2005.

[34]  花国然, 刘志东. 特种加工技术 [M]. 北京：电子工业出版社, 2012.

[35]  叶建斌, 戴春祥. 激光切割技术 [M]. 上海：上海科学技术出版社, 2012.